ELECTROSTÁTICA.

1. INTRODUCCIÓN.

La palabra electricidad viene de la palabra griega "elektron", palabra que se utilizaba para designar al ámbar, que es una resina fósil, y que Tales de Mileto utilizó para designar el efecto que se producía en esta sustancia cuando se frotaba. Los efectos triboeléctricos, es decir, la electricidad obtenida por rozamiento, constituyen los primeros fenómenos eléctricos estudiados. Sin embargo, y a pesar de que Maxwell, a mediados del siglo XIX enunció la teoría electromagnética, donde se recogen todas las leyes que rigen el electromagnetismo, hasta que se conoció la estructura íntima de la materia, a principios del siglo XX, se desconocía a que era debido la naturaleza eléctrica de las sustancias. Este hecho, todavía hoy, conduce a determinadas contradicciones entre la teoría y la realidad, como por ejemplo, que teóricamente se postule que la corriente eléctrica va siempre hacia potenciales decrecientes, cuando sabemos que la corriente eléctrica está constituida por movimiento de electrones que son cargas negativas, y no positivas, por lo que se desplazarán siempre hacia potenciales crecientes.

La electricidad es la parte de la Física que más ha contribuido al desarrollo tecnológico e industrial, y consecuentemente es tal vez responsable en gran medida, del aumento de la calidad de vida de la humanidad, y la razón fundamental se debe a que la producción de la energía eléctrica puede desligarse del punto o puntos donde se va a consumir, puesto que puede ser transportada con muy poca pérdida, y además, pueda ser convertida en cualquier otro tipo de energía, mecánica, calorífica, química, etc., con muy altos rendimientos. No hace mucho, antes de la definición del PIB, PNB, etc., la producción y consumo de energía eléctrica constituía, desde el punto de vista económico, un índice de la riqueza de un país.

Las sustancias están constituidas por agrupaciones de átomos que por lo general, son eléctricamente neutros, puesto que poseen el mismo número de cargas eléctricas positivas en el núcleo, protones, que cargas eléctricas negativas en la corteza, electrones. Sin embargo, bajo determinadas condiciones podemos conseguir extraer parte de los electrones de la corteza, con lo cual la sustancia se cargará positivamente, o depositar electrones, con lo cual se cargará negativamente. Está claro que si este hecho se realiza por rozamiento, las dos sustancias que se frotan adquirirán cargas eléctricas de distinto signo pues los electrones que una pierde, los ha de ganar la otra. Las sustancias pueden pues adquirir una carga eléctrica positiva deficitaria en electrones, también llamada *vítrea*, pues el vidrio por fricción adquiere este tipo de carga, o bien negativa, exceso de electrones, también llamada *resinosa*, pues el ámbar, que como hemos dicho es una resina fósil, adquiere este tipo de carga por fricción. Esta doble naturaleza de la carga eléctrica que pueden adquirir las sustancias, da origen a que las fuerzas que se producen entre ellas puedan tener un doble sentido, ya que **cargas de igual signo se repelen, mientras que cargas de distinto signo se atraen.**

Otro aspecto a tener en cuenta, aparte de la naturaleza de la carga eléctrica, positiva o negativa, que una sustancia puede adquirir, es el carácter de conductor o aislante que la sustancia tiene respecto a que a través de ella, puedan trasladarse cargas eléctricas (*conductores*), o bien que una vez cargadas, no exista esta posibilidad, y las cargas eléctricas permanezcan en el sitio donde se hubieran depositado (*aislantes*). En un conductor, las cargas eléctricas están situadas y se trasladan por su superficie, de ahí que como medida de seguridad cuando exista la posibilidad de accidentes producidos por la electricidad, se utilice la llamada jaula de Faraday, consistente simplemente en rodear la zona de trabajo de elementos metálicos, grandes conductores de la electricidad, de tal forma que todo individuo trabaje siempre como si estuviera situado en el interior de un conductor en el que por el mero hecho de ser conductor, no puede haber ninguna carga eléctrica.

2: LEY DE COULOMB:

Coulomb enunció una ley obtenida experimentalmente, que cuantifica el valor de la fuerza entre cargas eléctricas. Para su obtención experimental utilizó una balanza de Cavendish, que es una balanza de torsión similar a la que utilizó Newton para poder medir la fuerza entre masas. Para ilustrar el razonamiento para la obtención de la expresión matemática correspondiente a la ley de Coulomb, utilizaremos en vez de una balanza de Cavendish, un péndulo formado por un hilo inextensible del que se suspenden las cargas, efectuando la medida de la fuerza eléctrica a través de la medida del ángulo que adopta dicho hilo cuando se enfrentan dos cargas eléctricas; después de haber pesado en una balanza la carga eléctrica suspendida, podemos obtener la fuerza eléctrica:

$$tg\,\alpha = \frac{F_e}{P} = \frac{F_e}{mg}\,;\; F_e = m\,g\,tg\,\alpha$$

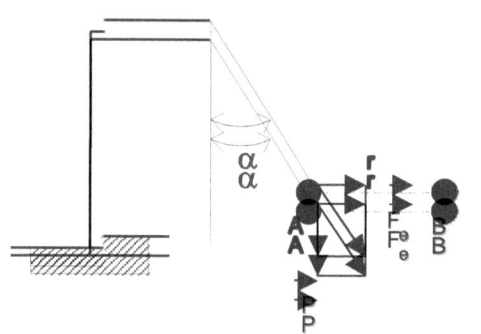

La ley enunciada por Coulomb dice que *la fuerza entre cargas eléctricas es inversamente proporcional al cuadrado de la distancia que las separa*:

$$F \sim \frac{1}{r^2}$$

Si una magnitud es proporcional a otra, podremos establecer una relación de igualdad entre ambas, sin más que introducir un coeficiente de proporcionalidad, de tal forma que si queremos expresar la fuerza que se ejerce sobre la carga A debido a la carga B, distante de ella r, este coeficiente de proporcionalidad se considera dependiente a la vez, de las características eléctricas del medio, y de las propias cargas A y B, es decir:

$$F_{AB} \equiv \frac{k_{AB}}{r^2} = \frac{k \cdot f(Q_A, Q_B)}{r^2}$$

Supongamos que suspendemos del péndulo una carga A, y situamos sucesivamente a la misma distancia r, una serie de cargas distintas, $C, D,..., N$, midiendo en cada caso el valor de la fuerza que sobre la carga A, ejercen las cargas $C, D,..., N$, obteniendo los valores: F_{AC}, F_{AD},..., F_{AN}. Si situamos sobre el péndulo otra carga B, y medimos las fuerzas que sobre ella ejercen las mismas cargas anteriormente utilizadas, situadas a la misma distancia r, obtendremos los valores: F_{BC}, F_{BD},..., F_{BN}. Si efectuamos el cociente entre estas fuerzas, se verifica que dicho cociente es constante, lo que indica que su valor solo es función de la carga de A y de la carga de B, es decir:

$$\frac{F_{AC}}{F_{BC}} \equiv \frac{F_{AD}}{F_{BD}} = ... = \frac{F_{AN}}{F_{BN}} = f'(Q_A, Q_B)$$

Sustituyendo los valores de las fuerzas dados por la expresión anteriormente indicada, obtendremos:

$$\frac{F_{AC}}{F_{BC}} = \frac{\frac{k f(Q_A, Q_C)}{r^2}}{\frac{k f(Q_B, Q_C)}{r^2}} = \frac{F_{AD}}{F_{BD}} = \cdots = \frac{F_{AN}}{F_{BN}} = f'(Q_A, Q_B)$$

De esta expresión podemos deducir que dado que las funciones que relacionan entre sí las cargas han de ser iguales, y su cociente ha de cumplir la condición de eliminación de la magnitud Q_C, la función más simple que cumple esta condición corresponde al producto de las cargas; es decir:

$$\frac{f(Q_A, Q_C)}{f(Q_B, Q_C)} = \frac{Q_A Q_C}{Q_B Q_C} = f'(Q_A, Q_B) = \frac{Q_A}{Q_B}$$

Consecuentemente, la expresión de la ley de Coulomb para la fuerza que se ejerce sobre la carga A debido a la carga B, a una distancia r, quedará expresada por:

$$F_{AB} = \frac{k Q_A Q_B}{r^2}$$

Dado que la fuerza es una magnitud vectorial, deberemos indicar su dirección y sentido. La dirección de la fuerza corresponde a la de la línea de unión de las cargas, y dentro de esta dirección, el sentido dependerá del signo de las cargas. Si las cargas tienen igual signo, la fuerza será repulsiva, mientras que si tienen distinto signo, la fuerza será atractiva. Teniendo esto en cuenta, la expresión general de la ley de Coulomb quedará en la forma:

$$\vec{F}_{AB} = \frac{k Q_A Q_B}{r^2} \vec{u}_r = \frac{k Q_A Q_B}{r^3} \vec{r}$$

En donde: $\vec{u}_r = \frac{\vec{r}}{|\vec{r}|}$, corresponde a un vector unitario según la dirección de $\vec{r}$.

Aunque toda sustancia cargada eléctricamente debería tener una carga múltiplo entero de la carga que corresponda a la carga del electrón, dado que la fijación de las unidades de medida de la carga eléctrica, fueron anteriores al conocimiento de la estructura atómica, su valor en cualquiera de los sistemas más comúnmente empleados, no cumple este requisito. Así en el sistema internacional (S.I.), la unidad de carga eléctrica es el Culombio, siendo la carga del electrón expresada en Culombios de $1,60 \cdot 10^{-19}$ C. En el sistema cegesimal, la unidad de carga eléctrica es el Franklin o unidad electrostática de carga (u.e.s.q.), aunque por lo general, las unidades del sistema cegesimal suelen nombrarse con el mismo nombre que la unidad correspondiente del sistema internacional precedida del prefijo "*estat*", mientras que en el sistema terrestre o técnico (M.K.S.), se utiliza el prefijo "*ab*", siendo pues la unidad de carga el abculombio. Sin embargo, el sistema terrestre o técnico, no lo volveremos a mencionar puesto que solo suele utilizarse en mecánica.

La constante k, es una constante característica del medio donde las cargas están situadas, y su valor, cuando se considera que el medio es el vacío, sirve para establecer los distintos sistemas de unidades.

En el sistema internacional (S.I), el valor que se asigna a esta constante para el caso del vacío, es: $k_o = 9.10^9$ N.m²/C². Aunque en general, suele utilizarse este sistema racionalizado, entendiendo que racionalizar un sistema, consiste en introducir el factor 4π. De esta forma, introduciendo el factor de racionalización, tendremos:

$$k_0 = \frac{1}{4\pi\varepsilon_0}$$

En donde, la constante ε_o, recibe el nombre de constante dieléctrica del vacío, y su valor es: $8,85.10^{-12}$ C²/N.m².

En el sistema cegesimal, al valor de la constante k_o para el vacío, se le asigna el valor 1, y además sin dimensiones, con lo que las expresiones de las ecuaciones de dimensiones de las magnitudes eléctricas en este sistema, no coinciden con las correspondientes al sistema internacional, y no solo las ecuaciones de dimensiones, sino incluso las expresiones de determinadas magnitudes y leyes, especialmente en magnetismo. Por otro lado, mientras que en mecánica las unidades del sistema cegesimal son siempre más pequeñas, en la electricidad no ocurre lo mismo, y hay unidades más pequeñas y otras más grandes. Estos son los motivos de que el sistema cegesimal, se utilice cada vez menos, tendiendo a desaparecer. Si utilizamos el factor de racionalización 1/4π, y tomamos como valor de k_o, el valor 1/4π, aunque sin dimensiones, entonces el sistema se denomina, sistema cegesimal electromagnético o sistema de Gauss, que corresponde al sistema cegesimal más utilizado.

Si en vez de una carga, tenemos varias cargas, el valor de la fuerza que actúa sobre una de ellas será, la suma vectorial de las fuerzas que cada una ejerce:

$$\vec{F_A} = \vec{F_{A_1}} + \vec{F_{A_2}} + ... + \vec{F_{A_n}} = \sum_{i=1}^{n} \frac{k Q_A Q_i}{r_i^2} \vec{u}_{r_i} = \sum_{i=1}^{n} \frac{k Q_A Q_i}{r_i^3} \vec{r_i}$$

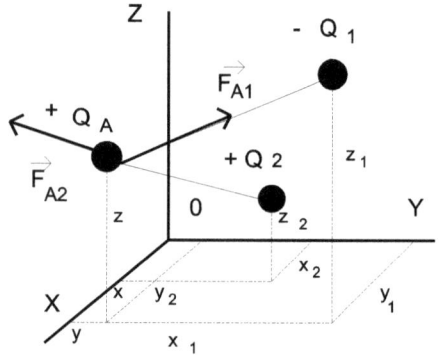

Si consideramos un espacio tridimensional y un sistema cartesiano de referencia, la expresión vectorial anterior puede reducirse a tres expresiones escalares correspondientes a cada uno de los ejes de coordenadas, quedando entonces:

$$F_x = \sum_{i=1}^{n} \frac{k Q_A Q_i}{r_i^3} (x - x_i)$$

$$F_y = \sum_{i=1}^{n} \frac{k Q_A Q_i}{r_i^3} (y - y_i)$$

$$F_z = \sum_{i=1}^{n} \frac{k Q_A Q_i}{r_i^3} (z - z_i)$$

Esta expresión contempla solo la existencia de cargas puntuales, pero realmente pueden existir otros tipos de elementos cargados eléctricamente, como son:
- Elementos lineales, cuando predomina una de sus dimensiones sobre las otras dos, que si tienen carga eléctrica distribuida uniformemente, podemos referir el valor de su carga a su longitud, de tal forma que su densidad lineal de carga será:

$$\lambda = \frac{dQ}{dl}$$

- Superficies cargadas uniformemente con densidad superficial de carga:

$$\sigma = \frac{dQ}{dS}$$

- Cuerpos cargados uniformemente, que dado que los conductores solo pueden tener carga superficial, corresponderán siempre a aislantes, con una densidad en volumen de carga cuyo valor vendrá dado por:

$$\rho = \frac{dQ}{d\tau}$$

Teniendo en cuenta la posibilidad de existencia de estos elementos cargados eléctricamente además de cargas puntuales, la fuerza total que actúa sobre una carga puntual corresponderá a la suma vectorial de:

$$\vec{F}_A = k\, Q_A \left(\sum_{i=1}^{n} \frac{Q_i}{r_i^3} \vec{r}_i + \int \frac{\lambda\, dl}{r^2} \vec{u}_r + \iint \frac{\sigma\, dS}{r^2} \vec{u}_r + \iiint \frac{\rho\, d\tau}{r^2} \vec{u}_r \right)$$

Hay que tener en cuenta que para poder efectuar el cálculo de la fuerza cuando existen distribuciones lineales, superficiales o en volumen de carga, es necesario encontrar una relación de dependencia entre la posición del elemento diferencial de carga lineal, superficial o de volumen, y el vector que va desde él, hasta el punto donde se encuentre situada la carga Q_A.

3. CAMPO ELÉCTRICO.

Se dice que en una región del espacio existe un campo eléctrico, cuando situada una carga eléctrica sobre cualquier punto de esa región, dicha carga experimenta una fuerza eléctrica.

Dado un campo eléctrico, *se llama intensidad del campo eléctrico en un punto, a un vector cuyo valor corresponde al valor de la fuerza que experimentaría una carga positiva unidad, situada en dicho punto:*

$$\vec{E} = \frac{\vec{F}}{Q}$$

Dimensionalmente, el campo eléctrico corresponderá a:

$$[E] = \frac{[F]}{Q} = MLT^{-2}Q^{-1} \qquad \text{En el sistema internacional se mide en: } N/C.$$

Su dirección y sentido coincide con la dirección y sentido de la fuerza que actuaría sobre una carga positiva situada en ese punto.

Como todo campo vectorial, la intensidad de campo, se representará por líneas de campo, que son líneas tangentes al vector representativo de la magnitud en cada punto, y cuya densidad es proporcional al valor del módulo del vector. En un espacio tridimensional y con un sistema cartesiano de referencia, la ecuación de la línea de campo que pasa por el punto P en el que las componentes del vector campo son (E_x, E_y, E_z), es:

$$\frac{dx}{E_x} = \frac{dy}{E_y} = \frac{dz}{E_z}$$

Si el campo está creado por una serie de cargas puntuales, teniendo en cuenta la expresión obtenida para el valor de la fuerza, tendremos como expresión del valor del campo eléctrico:

$$\vec{E}_P = \sum_{i=1}^{n} \frac{k\, Q_i}{r_i^2} \vec{u}_{r_i} = \sum_{i=1}^{n} \frac{k\, Q_i}{r_i^3} \vec{r}_i$$

Que podremos expresar por sus componentes en la forma:

$$E_x \equiv \sum_{i=1}^{n} \frac{kQ_i}{r_i^3}(x-x_i) \; ; \; E_y \equiv \sum_{i=1}^{n} \frac{kQ_i}{r_i^3}(y-y_i) \; ; \; E_z \equiv \sum_{i=1}^{n} \frac{kQ_i}{r_i^3}(z-z_i)$$

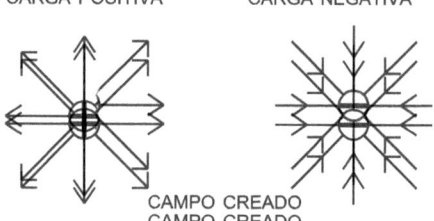

CARGA POSITIVA   CARGA NEGATIVA

CAMPO CREADO   CAMPO CREADO

Teniendo en cuenta el signo de la carga, una carga positiva crea un campo de dirección radial y hacia fuera de la carga, mientras que una carga negativa crea un campo radial y de sentido hacia la propia carga, por lo que cuando se quiere calcular el valor del campo creado por una serie de cargas puntuales es necesario representar cada vector con su sentido correspondiente, y luego efectuar la suma vectorial, y nunca sustituir en la expresión analítica del campo, cada carga con su signo.

Si consideramos la posibilidad de existencia de elementos creadores de campo distintos de cargas puntuales, como son elementos lineales, superficiales o distribuciones en volumen de carga, el valor del campo será entonces:

$$\vec{E}_B \equiv \left(\sum_{i=1}^{n} \frac{kQ_i}{r_i^3} \vec{r}_i + \int \frac{k\lambda \, dl}{r^2} \vec{u}_r + \iint \frac{k\sigma \, dS}{r^2} \vec{u}_r + \iiint \frac{k\rho \, d\tau}{r^2} \vec{u}_r \right)$$

4. POTENCIAL ELECTROSTÁTICO:

4.1. Definición.

Supongamos que en una determinada región del espacio existe un campo eléctrico, y situamos en un punto P, donde el valor del campo es $\vec{E}$, una carga eléctrica cuyo valor es la unidad positiva. Debido a la acción del campo, para mantener esta carga eléctrica en dicho punto tendremos que aplicar una fuerza de igual valor y de sentido contrario a la que el campo ejerce sobre ella. Si consideramos un espacio tridimensional, y un sistema cartesiano de referencia, la fuerza que tendremos que aplicar para mantener la carga unidad en dicho punto, tendrá el mismo valor que la intensidad de campo, pero signo contrario, es decir:

$$f_x \equiv \frac{F_x}{Q} = -E_x = -\sum_{i=1}^{n} \frac{kQ_i}{r_i^3}(x-x_i)$$

$$f_y \equiv \frac{F_y}{Q} = -E_y = -\sum_{i=1}^{n} \frac{kQ_i}{r_i^3}(y-y_i)$$

$$f_z \equiv \frac{F_z}{Q} = -E_z = -\sum_{i=1}^{n} \frac{kQ_i}{r_i^3}(z-z_i)$$

Si tenemos en cuenta que:

$$r_i \equiv \sqrt{(x-x_i)^2 + (y-y_i)^2 + (z-z_i)^2}$$

La derivada respecto a cada variable del inverso del vector de posición será:

$$\frac{\partial\left(\frac{1}{r_i}\right)}{\partial x} = -\frac{1}{r_i^2}\frac{\partial r_i}{\partial x} = -\frac{1}{r_i^2}\frac{x-x_i}{r_i} = -\frac{(x-x_i)}{r_i^3}$$

$$\frac{\partial\left(\frac{1}{r_i}\right)}{\partial y} = -\frac{1}{r_i^2}\frac{\partial r_i}{\partial y} = -\frac{1}{r_i^2}\frac{y-y_i}{r_i} = -\frac{(y-y_i)}{r_i^3}$$

$$\frac{\partial\left(\frac{1}{r_i}\right)}{\partial z} = -\frac{1}{r_i^2}\frac{\partial r_i}{\partial z} = -\frac{1}{r_i^2}\frac{z-z_i}{r_i} = -\frac{(z-z_i)}{r_i^3}$$

Sustituyendo estos valores en la expresión de las componentes de la fuerza, teniendo en cuenta que k y la carga Q_i, son constantes, podremos escribir:

$$f_x \equiv \frac{F_x}{Q} = -E_x = -\sum_{i=1}^n \frac{kQ_i}{r_i^3}(x-x_i) = \sum_{i=1}^n \frac{\partial\left(\frac{kQ_i}{r_i}\right)}{\partial x}$$

$$f_y \equiv \frac{F_y}{Q} = -E_y = -\sum_{i=1}^n \frac{kQ_i}{r_i^3}(y-y_i) = \sum_{i=1}^n \frac{\partial\left(\frac{kQ_i}{r_i}\right)}{\partial y}$$

$$f_z \equiv \frac{F_z}{Q} = -E_z = -\sum_{i=1}^n \frac{kQ_i}{r_i^3}(z-z_i) = \sum_{i=1}^n \frac{\partial\left(\frac{kQ_i}{r_i}\right)}{\partial z}$$

Dado que la derivada de una suma es la suma de derivadas, llamando:

$$V \equiv \sum_{i=1}^n \frac{kQ_i}{r_i}$$

Podremos escribir las expresiones anteriores en la forma:

$$f_x \equiv \frac{F_x}{Q} = -E_x = \frac{\partial V}{\partial x}$$

$$f_y \equiv \frac{F_y}{Q} = -E_y = \frac{\partial V}{\partial y}$$

$$f_z \equiv \frac{F_z}{Q} = -E_z = \frac{\partial V}{\partial z}$$

Estas expresiones equivalen a una única expresión vectorial:

$$\vec{E} \equiv -\overrightarrow{\text{grad}}\, V$$

Esto quiere decir que el campo eléctrico deriva de una magnitud escalar que llamaremos potencial electrostático de ese campo eléctrico, cuyo gradiente cambiado de signo, calculado en cada punto del campo, coincide con el valor de la intensidad del campo en dicho punto.

Si para mantener una carga eléctrica en un punto de un campo necesitamos vencer la fuerza que sobre ella ejerce el campo, si la desplazamos a lo largo del campo, realizaremos un trabajo. El valor de este trabajo corresponde a:

$$\int_A^B dW = -\int_A^B Q\vec{E}\,\vec{dl} = -Q\int_A^B (E_x\,dx + E_y\,dy + E_z\,dz) = Q\int_A^B \left(\frac{\partial V}{\partial x}dx + \frac{\partial V}{\partial y}dy + \frac{\partial V}{\partial z}dz\right)$$

$$W_A^B = Q\int_A^B dV = Q(V_B - V_A)$$

Como puede apreciarse, el trabajo es independiente del camino seguido ya que solo depende del punto inicial y final que ocupe la carga.

$$si\ Q > 0, W_A^B > 0, si\ V_B > V_A$$
$$si\ Q < 0, W_A^B > 0, si\ V_B < V_A$$

Si consideramos que el punto A está situado en el infinito, su potencial será:

$$V_\infty = \sum_{i=1}^n \frac{kQ_i}{\infty} = 0$$

De donde: $W_\infty^B = QV_B \Rightarrow V_B = \dfrac{W_\infty^B}{Q}$

Expresión que nos permite definir claramente cual es el concepto de potencial. ***Se llama potencial de un punto de un campo eléctrico al trabajo que hay que realizar para desplazar la unidad de carga positiva desde el infinito hasta ese punto.***

La diferencia de potencial entre dos puntos de un campo eléctrico corresponderá al trabajo que hay que realizar para desplazar la unidad de carga positiva entre ambos puntos. La ecuación de dimensiones del potencial será: $[V] = M\,L^2\,T^{-2}Q^{-1}$

La unidad de medida del potencial o diferencia de potencial en el Sistema Internacional, es el Voltio, siendo la relación que existe entre esta unidad y la unidad de potencial en el sistema cegesimal, que se denomina unidad electrostática de potencial (u.e.s.v.), la siguiente: $1\ V = 1\ J/1\ C = 10^7\ ergios/3.10^9\ u.e.s.q = 1/300\ u.e.s.v.$

Es decir, la unidad electrostática de potencial es 300 veces mayor que el Voltio.

Si calculamos la circulación del campo eléctrico a lo largo de una línea cerrada, teniendo en cuenta que el campo eléctrico corresponde al gradiente del potencial cambiado de signo, este valor será nulo, y teniendo en cuenta el teorema de Stokes, tendremos:

$$\oint \vec{E}\cdot\vec{dl} = \iint_S \overrightarrow{rot\,\vec{E}}\cdot\vec{dS} = -\oint \overrightarrow{grad\,V}\cdot\vec{dl} = -\oint dV = 0$$

Por lo que deduciremos que: $\overrightarrow{rot\,\vec{E}} = 0$
Es decir, el campo electrostático es un campo irrotacional.

Si además de cargas puntuales, consideramos la posibilidad de existencia de elementos lineales, superficiales o con una densidad en volumen de carga, el potencial de un punto se calculará teniendo en cuenta todos estos elementos cargados, aplicando:

$$V_P = \left(\sum_{i=1}^{n} \frac{kQ_i}{r} + \int \frac{k\lambda\,dl}{r} + \iint \frac{k\sigma\,dS}{r} + \iiint \frac{k\rho\,d\tau}{r} \right)$$

4.2. Ejemplo de cálculo del potencial para una distribución continua.

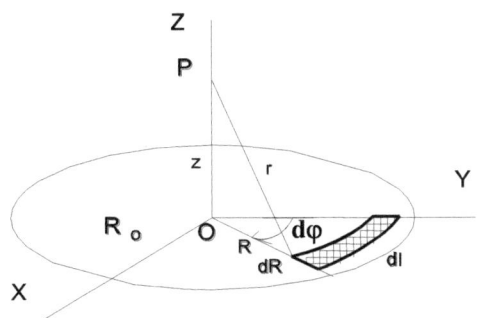

Consideremos un disco, con carga superficial uniformemente distribuida, y vamos a calcular el potencial creado por él, en un punto de la perpendicular que pasa por su centro. Si situamos el disco sobre el plano *XY*, tomando el centro del disco como origen de coordenadas, el punto P, estará situado sobre el eje *z*. La expresión del potencial, será:

$$V_P = \int \frac{k\,dQ}{r}$$

El cálculo de la carga deberá realizarse utilizando la expresión:

$dQ = \sigma\,dS$

Entendiendo que para el cálculo de la carga total habrá que expresar el elemento de superficie como:

$dS = dR\,dl = dR\,R\,d\phi$

Teniendo que efectuar su integración respecto a ambas variables, siendo estas independientes entre sí. Por otro lado:

$r = \sqrt{R^2 + z^2}$

Luego el potencial será:

$$V_P = \int \frac{k\,dQ}{r} = \int_0^{R_0}\int_0^{2\pi} \frac{k\sigma R\,dR\,d\phi}{\sqrt{R^2+z^2}} = \int_0^{R_0} \frac{2\pi k\sigma R\,dR}{\sqrt{R^2+z^2}} = \left[2\pi k\sigma \sqrt{R^2+z^2} \right]_0^{R_0}$$

De donde:

$$V_P = 2\pi k\sigma \left(\sqrt{R_0^2 + z^2} - z \right)$$

Para calcular el valor de la intensidad del campo eléctrico en dicho punto:

$$E_x = -\frac{\partial V_P}{\partial x} = 0$$

$$E_y = -\frac{\partial V_P}{\partial y} = 0$$

$$E_z = -\frac{\partial V_P}{\partial z} = 2\pi k\sigma \left[1 - \frac{z}{\sqrt{R_0^2 + z^2}} \right]$$

Utilizando el valor de la constante dieléctrica: $\varepsilon = \dfrac{1}{4\pi k}$

Obtendremos:

$$\vec{E}_P \equiv \dfrac{\sigma}{2\varepsilon}\left[1 - \dfrac{z}{\sqrt{R_0^2 + z^2}}\right]\vec{k}$$

Si queremos calcular el valor del potencial y del campo en el centro del disco, tendremos que hacer en las expresiones anteriores; $z=0$, con lo que tendremos:

$$V_0 \equiv \dfrac{\sigma R_0}{2\varepsilon}$$

$$\vec{E}_0 \equiv \dfrac{\sigma}{2\varepsilon}\vec{k}$$

5. TEOREMA DE GAUSS:

Consideremos una superficie cerrada en cuyo interior se encuentra una carga eléctrica puntual, y tomando como origen de coordenadas esta carga, calculemos el flujo del campo eléctrico creado por dicha carga, a través de la superficie que la encierra:

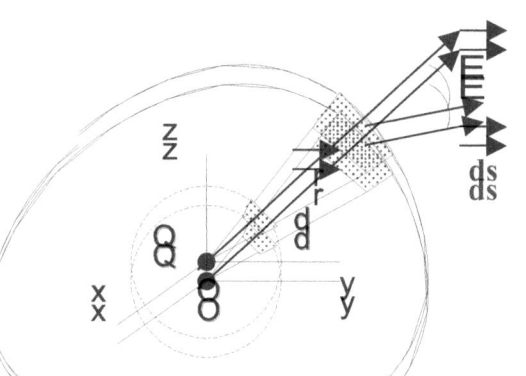

$$\phi_{\vec{E}} \equiv \iint_S \vec{E} \cdot \vec{dS}$$

El campo creado por la carga sobre la superficie será:

$$\vec{E} \equiv \dfrac{kQ}{r^2}\vec{u}_r$$

El vector representativo de la superficie es:

$$\vec{dS} = dS\,\vec{u}_n$$

El flujo del campo será:

$$\phi_{\vec{E}} \equiv \iint_S \vec{E}\cdot\vec{dS} = \iint_S \dfrac{kQ}{r^2}dS\,(\vec{u}_r \cdot \vec{u}_n)$$

El producto escalar de los dos vectores unitarios es:

$$(\vec{u}_r \cdot \vec{u}_n) = 1 \cdot 1 \cos\alpha = \cos\alpha$$

Con lo que: $dS\cos\alpha = dS_r$

Es decir, el flujo del campo eléctrico será:

$$\phi_{\vec{E}} \equiv \iint_S \vec{E}\cdot\vec{dS} = kQ\iint_S \dfrac{dS_r}{r^2}$$

La expresión:

$$d\Omega \equiv \frac{\vec{dS_r}}{r^2}$$

Corresponde al ángulo sólido con que se divisa la superficie, entendiendo que este concepto de ángulo sólido es en el espacio, lo que la definición de ángulo es en el plano. Vamos a empezar pues por definir éste, para que podamos entender más claramente lo que es ángulo sólido. Se llama ángulo plano que delimita un arco de curva, y se mide en radianes, al cociente entre el valor de la longitud del arco y su radio de curvatura:

$$d\phi \equiv \frac{dl}{r}$$

También podría definirse diciendo que el ángulo que delimita un arco de curva expresado en radianes, corresponde a la proyección de dicho arco sobre una circunferencia concéntrica con él, y de radio unidad, de ahí que el valor del ángulo plano que delimita cualquier curva cerrada es de 2π radianes. El radián es una unidad del Sistema Internacional, que no tiene dimensiones.

El ángulo sólido con que se divisa una superficie corresponde al cociente entre el valor de la superficie, y el cuadrado de su radio de curvatura:

$$d\Omega \equiv \frac{dS}{r^2}$$

Se mide en estereorradianes, y como el radián, es una unidad del S.I. que tampoco tiene dimensiones.

También puede definirse diciendo que el ángulo sólido con que se divisa una superficie medido en estereorradianes, corresponde al valor de la proyección de la superficie sobre una esfera de radio unidad, concéntrica con ella. Según esto, toda superficie cerrada tendrá como ángulo sólido el valor de la totalidad de una superficie esférica de radio unidad, es decir, 4π estereorradianes. Dado que éste es nuestro caso, puesto que estamos calculando el flujo total sobre una superficie que encierre la carga, el valor de la integral, será:

$$\phi_{\vec{E}} \equiv \oiint_S \vec{E} \cdot \vec{dS} = k\, Q\, 4\pi$$

Si sustituimos el valor de la constante característica del medio por su constante dieléctrica del medio, teniendo en cuenta la relación: $k = 1/4\pi\varepsilon$

$$\oiint_S \vec{E} \cdot \vec{dS} = \frac{Q}{\varepsilon}$$

Esta expresión, introduciendo una nueva magnitud que llamaremos desplazamiento eléctrico, puede escribirse en la forma:

$$\oiint_S \varepsilon \vec{E} \cdot \vec{dS} = \oiint_S \vec{D} \cdot \vec{dS} = Q$$

Si en vez de una única carga encerrada en la superficie, hubiera un número n de ellas, y calculásemos el flujo total del campo creado por todas esas cargas, tendríamos, dado que la integral de una suma es igual a la suma de integrales:

$$\oiint_S \vec{E} \cdot \vec{dS} = \oiint_S \left(\vec{E_1} + \vec{E_2} + \dots + \vec{E_n}\right) \cdot \vec{dS} = \frac{Q_1}{\varepsilon} + \frac{Q_2}{\varepsilon} + \dots + \frac{Q_n}{\varepsilon} = \frac{\sum_{i=1}^{n} Q_i}{\varepsilon} = \frac{Q_T}{\varepsilon}$$

Pudiendo enunciar el teorema de Gauss en la forma: *el flujo del campo eléctrico calculado sobre una superficie cerrada es proporcional a la carga total encerrada por dicha superficie, siendo el coeficiente de proporcionalidad entre ambas magnitudes, el inverso de la constante dieléctrica del medio.* Si utilizamos la magnitud desplazamiento eléctrico, entendiendo que esta magnitud simplemente corresponde al valor de la intensidad del campo eléctrico multiplicada por la constante dieléctrica del medio, es decir, es una magnitud que recoge la influencia de las características eléctricas del medio en el valor que la intensidad del campo tiene, obtendremos:

$$\iint_S \vec{D} \cdot \vec{dS} = Q_T$$

Que corresponde al teorema de Gauss en su expresión más simple: *el flujo del vector desplazamiento eléctrico calculado sobre una superficie cerrada, es igual a la carga total encerrada por dicha superficie.*

Si la superficie no encierra ninguna carga, el flujo del campo eléctrico a través de ella, es nulo, pues se comprueba que, situada la carga creadora del campo, externamente a la superficie, el cálculo del flujo a través de la superficie total será la suma de un flujo positivo, cuando el campo sale de la superficie, más un flujo negativo de valor idéntico, cuando el vector entra en la superficie, dando valor nulo el flujo total.

Si consideramos un cuerpo con una distribución en volumen de carga uniforme, carga cuyo valor en función de la densidad en volumen de carga sea:

$$Q_T = \iiint_\tau \rho \, d\tau$$

Aplicando el teorema de Gauss sobre su superficie externa, obtendremos:

$$\iint_S \vec{E} \cdot \vec{dS} = \iiint_\tau \frac{\rho}{\varepsilon} \, d\tau$$

Teniendo en cuenta el teorema de la divergencia, ya que ambas integrales están extendidas al mismo volumen, podrá deducirse que:

$$\iint_S \vec{E} \cdot \vec{dS} = \iiint_\tau \text{div}\, \vec{E} \, d\tau = \iiint_\tau \frac{\rho}{\varepsilon} \, d\tau \; ; \; \text{div}\, \vec{E} = \frac{\rho}{\varepsilon}$$

Que corresponde a la expresión local del teorema de Gauss.

6. APLICACIONES DEL TEOREMA DE GAUSS.

6.1. Estructura del campo electrostático.

Vamos a tratar de aplicar el teorema de Gauss para deducir algunos aspectos relacionados con la estructura de un campo electrostático.

- Consideremos un conductor eléctrico cargado pero cuyas cargas están en reposo. Si las cargas están en reposo quiere decir que la fuerza que actúa sobre ellas es nula:

$$\vec{F} = Q_i \vec{E}_i = 0$$

Para que este producto sea cero, basta con que lo sea alguno de sus términos, y si aplicamos el teorema de Gauss a una superficie interna tan próxima a la superficie real como queramos, obtendremos que:
- $Q_i = 0$

$-\vec{E_i} = 0$, por Gauss $\iint_S \vec{E_i} \cdot \vec{dS_i} = 0 \Rightarrow Q_i = 0$

Es decir, en cualquier caso, internamente a la superficie sobre la que se aplica el teorema de Gauss, no puede haber carga eléctrica alguna. ***En el interior de un conductor eléctrico cargado, no hay carga eléctrica, siendo también nula la intensidad del campo eléctrico.***

- Como realmente hemos dicho que el conductor estaba cargado, si internamente no hay carga, la carga estará sobre su superficie, luego ***todo conductor eléctrico cargado tiene su carga en la superficie.***

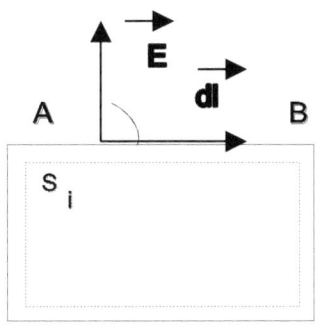

- Si las cargas eléctricas de un conductor están sobre la superficie, para que no sufran desplazamiento alguno, la fuerza que sobre ellas actúa ha de ser nula, y como consecuencia, el trabajo para desplazar una carga sobre la superficie también, es decir:

$$\vec{F} = 0 \Rightarrow \delta W = 0 \Rightarrow dV = 0$$

La superficie de un conductor eléctrico cargado es una superficie equipotencial.

- Si consideramos un elemento de línea situado sobre la superficie, dado que como acabamos de ver, ésta es equipotencial, el trabajo para desplazar la unidad de carga sobre ella, que corresponderá a la diferencia de potencial entre el punto final e inicial del desplazamiento, será nulo. Luego el campo y la superficie, serán perpendiculares:

$$\int_A^B dV = 0 = W_A^B = \int_A^B \vec{F} \cdot \vec{dl} = Q|\vec{E}||\vec{l}|\cos\alpha \Rightarrow \cos\alpha = 0 \Rightarrow \alpha = 90°$$

El campo eléctrico creado por un conductor es normal a su superficie.

- Si consideramos que la carga eléctrica del conductor está repartida uniformemente sobre su superficie, y aplicamos el teorema de Gauss a una superficie externa, tan próxima a la superficie del conductor como queramos, tendremos que:

$$\iint_S \vec{E} \cdot \vec{dS} = \frac{Q_T}{\varepsilon} \Rightarrow \vec{E} = \frac{Q_T}{\varepsilon S} = \frac{\sigma}{\varepsilon} \vec{u_n}$$

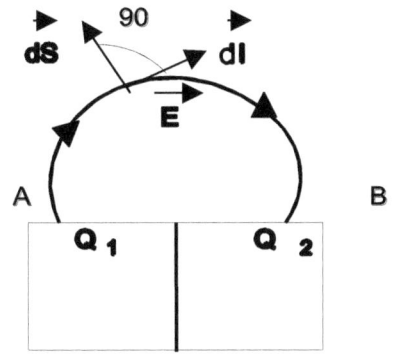

- Si calculamos la circulación del campo eléctrico a lo largo de una línea de campo que parta de un punto de la superficie y vuelva a finalizar en la misma superficie, dado que el valor de la circulación coincide con el valor de la diferencia de potencial entre el punto final e inicial, y la superficie de un conductor eléctrico cargado es una superficie equipotencial, comprobamos que esto no es posible puesto que llegaríamos a una igualdad en la que ninguno de los términos es cero mientras que el producto final sí lo es, es decir:

$$\int_A^B \vec{E} \cdot \vec{dl} = \int_A^B dV = 0 = |\vec{E}||\vec{l}|\cos 0, \text{ siendo}, |\vec{E}| \neq 0 ; |\vec{l}| \neq 0 ; \cos 0 \neq 0$$

Esto quiere decir que ***una línea de campo eléctrico no puede nacer y morir sobre el mismo conductor.***

Si aplicamos el teorema de Gauss a una superficie formada por todas las líneas de campo que se apoyan en dos conductores eléctricos cargados, dado que el vector representativo de una superficie es siempre normal a la superficie que representa, al efectuar el cálculo del flujo del campo a través de esa superficie, su valor sería nulo; luego las cargas de ambos conductores han de ser iguales y de signo opuesto, es decir:

$$\iint_S \vec{E} \cdot d\vec{S} = 0 = \frac{Q_1 + Q_2}{\varepsilon} \Rightarrow Q_1 = -Q_2$$

Las líneas del campo eléctrico son líneas abiertas que nacen en una carga positiva y mueren en una carga negativa.

6.2. Campo y potencial de una esfera conductora.

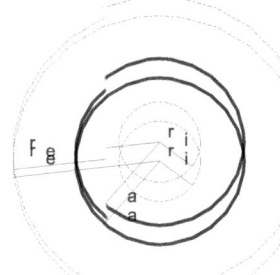

Consideremos una esfera conductora con una densidad superficial de carga uniforme y pretendemos calcular cuál es el valor del campo y del potencial creado por dicha esfera conductora. Su carga en función de la densidad superficial de carga, será:

$$Q = \iint_S \sigma \, dS = \sigma \, 4 \pi \, a^2$$

Por simple simetría puede estimarse que el campo y el potencial tendrán el mismo valor sobre cualquier superficie esférica concéntrica con el conductor, o lo que es lo mismo, variarán en función de la distancia al centro de la esfera conductora, por lo que como superficie gaussiana o superficie sobre la que aplicar el teorema de Gauss, tomaremos una esfera concéntrica con el conductor. Sin embargo, esta superficie esférica sobre la que aplicaremos el teorema de Gauss puede ser interna o externa a la propia esfera conductora de radio a, pudiendo pues considerar dos casos distintos:

- Campo y potencial en el exterior: $a \leq r$

Si aplicamos el teorema de Gauss sobre una superficie externa, obtendremos:

$$\iint_S \vec{E_e} \cdot d\vec{S} = \frac{Q}{\varepsilon}$$

$$E_e \, 4 \pi \, r^2 = \frac{Q}{\varepsilon} = \frac{4 \pi a^2 \sigma}{\varepsilon} \Rightarrow \vec{E_e} = \frac{\sigma}{\varepsilon} \frac{a^2}{r^2} \vec{u_r}$$

Para efectuar el cálculo del potencial, tendremos que tener en cuenta que el potencial corresponde a la circulación del campo cambiada de signo, es decir:

$$V_e \equiv -\int \vec{E_e} \cdot d\vec{r} = -\int \frac{\sigma}{\varepsilon} \frac{a^2}{r^2} dr = \frac{\sigma a^2}{\varepsilon r}$$

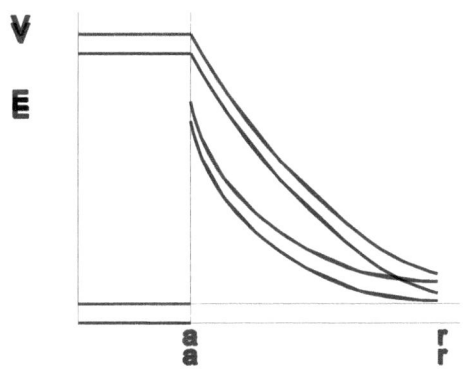

- Campo y potencial en el interior: $a \geq r$

Si aplicamos el teorema de Gauss a una superficie interna a la esfera conductora dado que la carga ha de ser nula, el campo también lo será, es decir:

$$\oiint_S \vec{E}_i \cdot d\vec{S} = 0 \Rightarrow \vec{E}_i = 0$$

El potencial se obtendrá aplicando la misma expresión que en el caso anterior:

$$V_i \equiv -\int \vec{E}_i \cdot d\vec{r} = -\int 0 \Rightarrow V_i = cte$$

Para conocer realmente su valor, basta con considerar que el potencial en el interior, al ser constante, valdrá lo mismo que lo que vale sobre la propia superficie de la esfera conductora, es decir:

$$V_i \equiv \frac{\sigma}{\varepsilon}\frac{a^2}{a} = \frac{\sigma a}{\varepsilon}$$

Si representamos la variación del campo en función de r, obtendremos que internamente, el valor es nulo. Sobre la propia superficie, el valor es máximo y corresponde a:

$$\vec{E}_S \equiv \frac{\sigma}{\varepsilon}\frac{a^2}{a^2}\vec{u}_r = \frac{\sigma}{\varepsilon}\vec{u}_r$$

A partir de la superficie, disminuye en función inversa a r^2, por lo que su valor será nulo cuando r tienda a infinito.

Para el potencial en el interior, lo mismo que sobre la propia superficie conductora, es constante, y su valor es máximo:

$$V_i \equiv V_S = \frac{\sigma a}{\varepsilon}$$

A partir de la superficie, su valor disminuye en función inversa a r, tendiendo a cero aunque menos rápidamente que el campo, cuando el valor del radio tiende a infinito.

6.3. Campo y potencial de una esfera aislante.

Si tenemos una esfera aislante, podemos considerar que la carga está uniformemente distribuida en todo el volumen de la esfera, por lo que su valor total será:

$$Q \equiv \iiint \rho \, d\tau = \frac{4}{3}\pi a^3 \rho$$

Como en el caso anterior, calcularemos el valor del campo y del potencial sobre una superficie esférica concéntrica con la esfera cargada, aunque en este caso hay que tener en cuenta que incluso en el interior de la esfera, hay cargas eléctricas.

- Campo y potencial en el exterior: $a \leq r$

Si aplicamos el teorema de Gauss a una superficie esférica externa, la carga contenida en esa superficie será la carga total contenida en la esfera, es decir:

$$\iint_S \vec{E_e} \cdot d\vec{S} = \overline{E_e}\, 4\pi r^2 = \frac{Q}{\varepsilon} = \frac{4}{3}\pi a^3 \frac{\rho}{\varepsilon} \Rightarrow \vec{E_e} = \frac{1}{3}\frac{\rho}{\varepsilon}\frac{a^3}{r^2}\vec{u_r}$$

Realmente, el valor del campo externo sería el mismo que se obtendría si consideráramos la totalidad de la carga como una carga puntual situada en el centro de la esfera.

El valor del potencial será:

$$V_e = -\int \overline{E_e} \cdot \vec{dr} = -\int \frac{1}{3}\frac{\rho}{\varepsilon}\frac{a^3}{r^2}dr = \frac{1}{3}\frac{\rho}{\varepsilon}\frac{a^3}{r}$$

- Campo y potencial en el interior: $a \geq r$

Si aplicamos el teorema de Gauss a una esfera interior, tenemos que tener en cuenta que la carga encerrada corresponderá a la carga contenida en una esfera de idéntico radio, por lo que siempre existirá carga, y como consecuencia el campo no será nulo, sino que tendrá el valor:

$$\iint_S \vec{E_i} \cdot d\vec{s} = E_i\, 4\pi r^2 = \frac{Q_r}{\varepsilon} = \frac{4}{3}\pi r^3 \frac{\rho}{\varepsilon} \Rightarrow \vec{E_i} = \frac{1}{3}\frac{\rho}{\varepsilon} r\, \vec{u_r}$$

El valor del potencial será:

$$V_i = -\int \vec{E_i} \cdot \vec{dr} = -\int \frac{1}{3}\frac{\rho}{\varepsilon} r\, dr = -\frac{1}{3}\frac{\rho}{\varepsilon}\frac{r^2}{2} + C$$

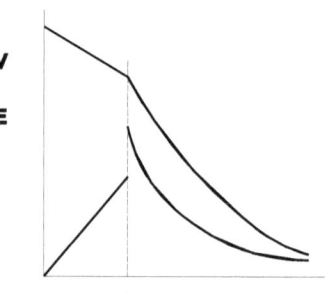

Para calcular el valor de la constante de integración que aparece en esta expresión, tenemos que tener en cuenta que sobre la propia superficie de la esfera aislante cargada, se ha de producir que:

$$V_i = V_e$$

Es decir: $V_i = -\frac{1}{3}\frac{\rho}{\varepsilon}\frac{r^2}{2} + C = \frac{1}{3}\frac{\rho}{\varepsilon}\frac{a^3}{r} = V_e$

Despejando el valor de la constante obtendremos:

$$C = \frac{1}{3}\frac{\rho}{\varepsilon}\left(\frac{a^3}{r} + \frac{r^2}{2}\right) = \frac{1}{3}\frac{\rho}{\varepsilon} a^2\left(1 + \frac{1}{2}\right) = \frac{1}{2}\frac{\rho}{\varepsilon} a^2$$

Sustituyendo este valor, obtendremos para el potencial en el interior:

$$V_i = \frac{1}{2}\frac{\rho}{\varepsilon}\left(a^2 - \frac{r^2}{3}\right)$$

Si representamos el valor del campo en función de la distancia r, obtendremos que el campo es nulo en el centro de la esfera, aumentando su valor desde este punto hasta la superficie proporcionalmente a r. Sobre la propia superficie el valor se hace máximo, y a partir de este punto decrece inversamente a r, de tal forma que cuando se hace infinito, el campo se anula. Hay que tener en cuenta que si la constante dieléctrica de la esfera aislante y del medio externo son distintas, y por lo general lo son, siendo menor la de la esfera aislante, se produce una discontinuidad del valor del campo sobre la propia superficie.

El potencial tiene su valor máximo, justo en el centro de la esfera disminuyendo a partir de este punto y hasta que se alcanza la superficie de la esfera cargada. A partir de ahí, sigue disminuyendo hasta alcanzar el valor cero, en función inversa a la distancia.

6.4. Campo y potencial de una distribución lineal de carga.

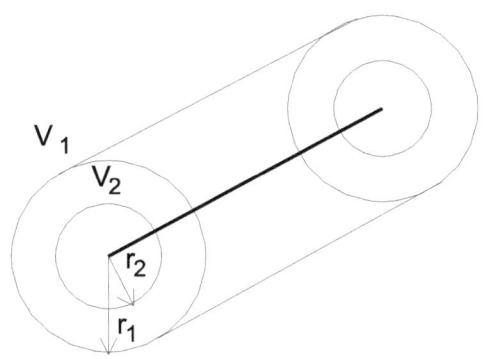

Consideremos un conductor rectilíneo con una densidad lineal de carga uniformemente distribuida:

$$Q = \int \lambda \, dl = \lambda L$$

Si tomamos como superficie gaussiana una superficie cilíndrica que tenga como eje el propio conductor, el campo y el potencial tendrán el mismo valor para todos los puntos de esta superficie cilíndrica, variando su valor únicamente en función de la distancia al propio conductor.

El valor del campo eléctrico ser:

$$\iint_S \vec{E} \cdot \vec{dS} = \vec{E} \, 2\pi r L = \frac{\lambda L}{\varepsilon} \vec{u}_r \Rightarrow \vec{E} = \frac{\lambda}{2\pi \varepsilon r} \vec{u}_r$$

El potencial vendrá dado por:

$$V_r = -\int \vec{E} \cdot \vec{dr} = -\int \frac{\lambda}{2\pi\varepsilon r} dr = -\frac{\lambda}{2\pi\varepsilon} \ln r + C$$

Dado que la constante de integración que figura en esta expresión correspondería al valor del potencial sobre el propio conductor, se calcula, no el potencial en un punto que diste r del conductor, sino la diferencia de potencial entre dos superficies cilíndricas coaxiales con el conductor, obteniéndose:

$$\int_{V_1}^{V_2} dV = V_2 - V_1 = -\int_{r_1}^{r_2} \frac{\lambda}{2\pi \varepsilon r} dr = \frac{\lambda}{2\pi \varepsilon} \ln \frac{r_1}{r_2}$$

6.5. Campo y potencial de una distribución superficial plana de carga.

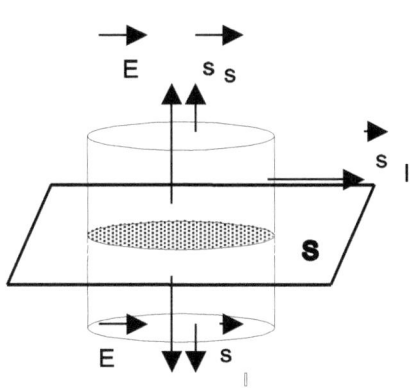

Consideremos una lámina plana con una densidad superficial de carga uniforme. Dado que el campo creado por dicha superficie es normal a ella, podemos elegir como superficie gaussiana, un cilindro con su eje perpendicular al conductor plano y simétrico respecto a él, de tal forma que al calcular el flujo del campo eléctrico sobre él, sea nulo el flujo a través de la pared lateral del cilindro puesto que el campo y el vector representativo de la superficie lateral del cilindro son perpendiculares, siendo el flujo total el calculado a través de las superficies superior e inferior del cilindro, de tal forma que la aplicación del teorema de Gauss a este cilindro nos dará:

$$\iint_S \vec{E} \cdot \vec{dS} = ES_s + ES_i = E\,2S = \frac{\sigma S}{\varepsilon} \Rightarrow \vec{E} = \frac{\sigma}{2\varepsilon} \vec{u}_n$$

Si consideramos que el conductor está situado sobre el plano XY, y calculamos el valor del potencial sobre el eje z, obtendremos:

$$V_z = -\int \vec{E}\cdot \vec{dz} = -\frac{\sigma}{2\varepsilon}z + V_0$$

Siendo V_0, el potencial sobre la propia lámina conductora, por lo que podemos calcular la diferencia de potencial entre lámina conductora y cualquier punto, obteniendo el valor:

$$V_0 - V_z = \frac{\sigma}{2\varepsilon}z$$

6.6. Campo y potencial entre dos láminas cargadas con cargas de signos contrarios:

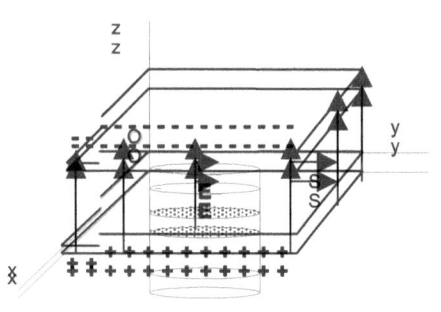

Si consideramos dos láminas de igual superficie y carga, pero de distinto signo, el campo creado por este sistema de cargas, será nulo fuera del espacio entre ambas láminas. Podemos aplicar el teorema de Gauss sobre una superficie cilíndrica situada simétricamente respecto a la lámina cargada positivamente, de tal forma que ahora, al calcular el flujo del campo creado por el sistema formado por las dos láminas, no sólo será nulo a través de la pared lateral del cilindro sino también sobre su superficie inferior, puesto que el campo fuera del espacio entre ambas láminas es nulo, por lo que obtendremos:

$$\iint_S \vec{E}\cdot \vec{dS} = E\,S_s = \frac{\sigma S}{\varepsilon} \Rightarrow \vec{E} = \frac{\sigma}{\varepsilon}\vec{u}_n$$

Para calcular el potencial y evitar que aparezca una constante de integración, lo mejor es calcular la diferencia de potencial entre la lámina cargada positivamente que es la de potencial más alto, y la lámina cargada negativamente, lo que nos dará:

$$\int_{V_+}^{V_-} dV = \int_0^z \vec{E}\cdot \vec{dz} = \frac{\sigma}{\varepsilon}z$$

Es decir:

$$V_+ - V_- = \frac{\sigma}{\varepsilon}z$$

7. PRESIÓN ELECTROSTÁTICA:

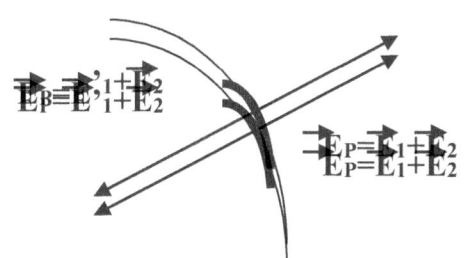

Consideremos una superficie elemental perteneciente a un conductor eléctrico cargado, con una distribución superficial de carga uniforme, y a una distancia tan pequeña como queramos, dos puntos, uno exterior P, y otro interior P', al conductor. El valor de la intensidad del campo eléctrico sobre el punto exterior P, será igual a:

$$\vec{E}_P = \frac{\sigma}{\varepsilon}\vec{u}_n$$

Mientras que el campo en el punto interior P', será nulo.

Podemos considerar que el campo en ambos puntos es debido por un lado, al campo creado por el propio elemento de superficie que estamos considerando, y por otro, al resto del elemento conductor cargado, es decir:

$$\vec{E}_P \equiv \vec{E}_1 + \vec{E}_2 = \frac{\sigma}{\varepsilon}\vec{u}_n$$

$$\vec{E}'_P \equiv \vec{E}'_1 + \vec{E}_2 = 0 \; ; \text{ de donde: } \vec{E}_2 = -\vec{E}'_1$$

Por simple simetría, es deducible que el campo creado por el elemento de superficie tendrá igual intensidad pero sentido opuesto, hacia el exterior, que hacia el interior, luego se obtendrá:

$$\vec{E}_1 \equiv -\vec{E}'_1 \equiv \vec{E}_2$$

Teniendo esto en cuenta, tendremos que:

$$2\vec{E}_1 \equiv \frac{\sigma}{\varepsilon}\vec{u}_n$$

Esto quiere decir que un conductor crea en un punto externo, un campo:

$$\vec{E} \equiv \frac{\sigma}{\varepsilon}\vec{u}_n$$

Sobre la propia superficie del conductor, el valor del campo es:

$$\vec{E}_1 \equiv \frac{\sigma}{2\varepsilon}\vec{u}_n$$

Mientras que el campo en un punto interior es nulo.

El valor de la fuerza que ejerce el resto del conductor sobre el elemento de superficie que hemos elegido, será:

$$\vec{dF} \equiv dQ\,\vec{E}_2 = \sigma\,dS\,\frac{\sigma}{2\varepsilon}\vec{u}_n = \frac{\sigma^2}{2\varepsilon}dS\,\vec{u}_n$$

Esto quiere decir que sobre cada elemento de superficie, el resto del conductor, ejerce una presión de origen eléctrico, cuyo valor es proporcional al cuadrado de la densidad de carga, y tiene dirección normal a la superficie. El valor de esta presión electrostática, viene dado por:

$$\vec{p} \equiv \frac{\vec{dF}}{dS} = \frac{\sigma^2}{2\varepsilon}\vec{u}_n$$

8. ENERGÍA ELECTROSTÁTICA.

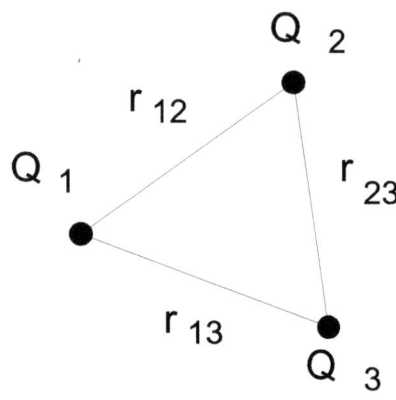

Para desplazar una carga en un campo eléctrico, tenemos que realizar un trabajo, que es función del signo de la carga, y del valor del potencial del punto final e inicial del desplazamiento. Esto quiere decir que en un campo eléctrico, al igual que en el campo gravitatorio para cada masa, asociada a la posición de cada carga, hay una energía. Vamos a tratar de calcular cual es el valor de esta energía.

8.1. Energía de un sistema de cargas puntuales.

Vamos a considerar en primer lugar el sistema más elemental, que corresponderá al sistema constituido por una carga puntual que crea un campo eléctrico, y una segunda carga puntual, que se desplaza desde el infinito hasta un punto del campo, es decir, el sistema formado por dos cargas puntuales. El trabajo necesario para desplazar la segunda carga en el campo eléctrico creada por la primera, será:

$$W_{12} = -\int_{\infty}^{r_{12}} Q_2 \vec{E_1} \cdot \vec{dr} = -\int_{\infty}^{r_{12}} Q_2 \frac{kQ_1}{r^2} dr = k Q_1 Q_2 \frac{1}{r_{12}} = \frac{kQ_1Q_2}{r_{12}}$$

Esta expresión podría ponerse en la forma:

$$W_{12} = \frac{kQ_1Q_2}{r_{12}} = \frac{1}{2}\left(Q_1 \frac{kQ_2}{r_{21}} + Q_2 \frac{kQ_1}{r_{12}}\right) = \frac{1}{2}(Q_1 V_1 + Q_2 V_2)$$

Siendo V_1, el potencial del punto 1, creado por la carga Q_2, y V_2, el potencial en el punto 2 creado por la carga Q_1.

Si consideramos estas dos cargas, y calculamos el trabajo que tenemos que realizar para desplazar una tercera carga desde el infinito hasta un punto del campo, la energía asociada al sistema formado por las tres cargas será:

$$W_{123} = \frac{kQ_1Q_2}{r_{12}} - \int_{\infty}^{r} Q_3 \left(\vec{E_1} + \vec{E_2}\right)\cdot \vec{dr} = \frac{kQ_1Q_2}{r_{12}} - \int_{\infty}^{r_{13}} Q_3 \frac{kQ_1}{r^2} dr - \int_{\infty}^{r_{23}} Q_3 \frac{kQ_2}{r^2} dr$$

Lo que nos daría:

$$W_{123} = \frac{kQ_1Q_2}{r_{12}} + Q_3 \frac{kQ_1}{r_{13}} + Q_3 \frac{kQ_2}{r_{23}}$$

Esta expresión podría escribirse:

$$W_{123} = \frac{1}{2}\left[Q_1\left(\frac{kQ_2}{r_{21}} + \frac{kQ_3}{r_{31}}\right) + Q_2\left(\frac{kQ_1}{r_{12}} + \frac{kQ_3}{r_{32}}\right) + Q_3\left(\frac{kQ_1}{r_{13}} + \frac{kQ_2}{r_{23}}\right)\right]$$

Teniendo en cuenta que lo encerrado entre cada paréntesis corresponde al potencial del punto donde está situada la carga, obtendremos:

$$W_{123} = \frac{1}{2}(Q_1 V_1 + Q_2 V_2 + Q_3 V_3)$$

Lo que hemos obtenido para un sistema de dos y de tres cargas, puede generalizarse para un sistema de *n* cargas puntuales, obteniéndose que la energía asociada a un sistema de cargas puntuales vendrá expresada de forma general, por:

$$W_n = \frac{1}{2}\sum_{i=1}^{n} Q_i V_i$$

8.2. Energía de una distribución continua de carga.

Si consideramos que el campo eléctrico está creado por una distribución continua de carga con una densidad en volumen uniformemente distribuida, siendo el valor total de la carga:

$$Q = \iiint_\tau \rho\, d\tau$$

La energía asociada al campo creado por esta distribución en volumen de carga vendrá dada por la expresión:

$$W = \frac{1}{2}\iiint_\tau \rho V\, d\tau$$

Sustituyendo la densidad en volumen de carga por el valor del campo creado por ella, es decir, utilizando la expresión local del teorema de Gauss, tendremos:

$$W = \frac{1}{2}\iiint_\tau \rho V\, d\tau = \frac{1}{2}\iiint_\tau \varepsilon\, (div\, \vec{E})\, V\, d\tau$$

Si tenemos en cuenta que la divergencia del producto de un escalar por un vector, corresponde al producto del escalar por la divergencia del vector, más el vector por el gradiente del escalar, es decir:

$$div(U\vec{v}) = U\, div\, \vec{v} + \vec{v}\cdot \overrightarrow{grad}\, U$$

Aplicándolo a nuestro caso, pues tenemos un escalar (V), por la divergencia de un vector ($div\, \vec{E}$), y teniendo en cuenta la relación: $\vec{E} = -\, grad\, V$, tendremos:

$$div(V\vec{E}) = V\, div\, \vec{E} + \vec{E}\, \overrightarrow{grad}\, V = V\, div\, \vec{E} - E^2$$

Teniendo esto en cuenta, la expresión del trabajo, nos quedará:

$$W = \frac{1}{2}\iiint_\tau \varepsilon\left(div\, \vec{E}\right) V\, d\tau = \frac{\varepsilon}{2}\iiint_\tau div\left(V\vec{E}\right) d\tau + \frac{\varepsilon}{2}\iiint_\tau E^2\, d\tau$$

La primera de estas integrales, aplicando el teorema de Gauss o de la divergencia que dice que el flujo de un vector ($V\vec{E}$), calculado sobre una superficie cerrada, es igual a la divergencia del mismo vector, calculada sobre el volumen total que esa superficie encierra, podrá escribirse en la forma:

$$\frac{\varepsilon}{2}\iiint div(V\vec{E})d\tau = \frac{\varepsilon}{2}\iint V\vec{E}\,d\vec{S}$$

Si consideramos que:

$$V \Rightarrow \frac{1}{r} \;;\; |\vec{E}| \Rightarrow \frac{1}{r^2} \;;\; |d\vec{S}| \Rightarrow r^2$$

Podemos estimar que su producto, que es lo encerrado bajo la integral, tenderá a $1/r$, que cuando r tienda a infinito, tenderá a cero, por lo que la integral anterior, también, es decir:

$$\frac{\varepsilon}{2}\iint V\vec{E}\,d\vec{S} \to 0$$

Aunque esto no constituye una demostración, vamos a considerar que se cumple, obteniendo pues para el valor de la energía asociada a un campo eléctrico:

$$W \equiv \frac{\varepsilon}{2}\iiint E^2 \, d\tau$$

Si en vez de calcular la energía total, calculamos la densidad de energía, es decir la energía por unidad de volumen asociada a un campo eléctrico de determinada intensidad, obtendremos:

$$\frac{dW}{d\tau} \equiv \frac{\varepsilon E^2}{2}$$

Es decir, *la energía por unidad de volumen asociada a un campo eléctrico es directamente proporcional al cuadrado de la intensidad del campo*.

8.3. Energía de una esfera conductora.

Vamos a calcular la energía de una esfera conductora cargada, y lo vamos a hacer utilizando las dos expresiones anteriormente obtenidas para demostrar que son equivalentes, y consecuentemente es válido el haber despreciado uno de los términos. Las expresiones del campo y del potencial creado por una esfera conductora, deducidas aplicando el teorema de Gauss, son:

$$\vec{E} \equiv \frac{\sigma}{\varepsilon}\frac{a^2}{r^2}\vec{u}_r = \frac{Q\,a^2}{4\pi a^2 \varepsilon r^2}\vec{u}_r = \frac{Q}{4\pi\varepsilon r^2}\vec{u}_r$$

$$V \equiv \frac{\sigma\,a^2}{\varepsilon r} = \frac{Q\,a^2}{4\pi a^2 \varepsilon r} = \frac{Q}{4\pi\varepsilon r}$$

- Cálculo de la energía a través de la carga:

Sustituyendo en la expresión de la energía, el valor de la carga y del potencial, obtendremos:

$$W \equiv \frac{1}{2}VQ = \frac{Q^2}{8\pi\varepsilon r}$$

- Cálculo de la energía a través del campo:

Si utilizamos la expresión de la energía en función de la intensidad del campo eléctrico, obtendremos:

$$W \equiv \iiint \frac{\varepsilon E_2^2}{2} d\tau = \frac{1}{2} \int_r^\infty \frac{\varepsilon Q^2}{(4\pi\varepsilon r^2)^2} 4\pi r^2 dr = \frac{1}{2} \int_r^\infty \frac{Q^2}{4\pi\varepsilon r^2} dr = \frac{Q^2}{8\pi\varepsilon r}$$

Ambas expresiones dan el mismo resultado, por lo que se pueden considerar equivalentes.

9. CAPACIDAD: CONDENSADORES.

Si recordamos las expresiones del potencial obtenidas por aplicación del teorema de Gauss a distintos conductores eléctricos cargados, observamos que existe una relación entre la carga del conductor, y su potencial. Esta relación, depende fundamentalmente de las características geométricas del conductor, y así para una esfera tiene valores distintos que para una lámina o para un hilo. *Se llama coeficiente de capacidad o simplemente capacidad de un conductor, al cociente entre su carga y su potencial*:

$$C \equiv \frac{Q}{V}$$

Dimensionalmente, la capacidad corresponderá en el sistema S.I. a:

$$[C] \equiv \frac{[Q]}{[V]} = \frac{[Q]^2}{[W]} = M^{-1} L^{-2} T^2 Q^2$$

La unidad de capacidad es el Faradio que corresponde a la capacidad de un conductor cargado con una carga de 1 culombio cuando su potencial es de 1 voltio.

Si consideramos un conductor esférico, el valor de su capacidad cuando esté situado en el vacío, dado que su potencial es:

$$V \equiv \frac{Q}{4\pi\varepsilon_0 r} = 9 \cdot 10^9 \frac{Q}{r} \ ; \ \text{Será:} \ C \equiv \frac{Q}{V} = \frac{r}{9 \cdot 10^9}$$

Esto quiere decir que para obtener un conductor esférico con capacidad de 1 Faradio necesitamos que dicho conductor tenga un radio de $9 \cdot 10^9$ m, lo que nos indica que la unidad de capacidad en el sistema S.I. es muy grande, por lo que para medir la capacidad se utilizan submúltiplos decimales de la unidad Faradio, como por ejemplo:
1 μF (microfaradio) $\equiv 10^{-6}$ F ; 1 nF (nanofaradio) $\equiv 10^{-9}$ F ; 1 pF (picofaradio) $\equiv 10^{-12}$ F.

En el sistema cegesimal electrostático, las dimensiones de la capacidad corresponden a:

$$[C] \equiv \frac{[F][L]^2}{[F][L]} = L$$

Tiene las dimensiones de una longitud, luego su unidad de medida es el centímetro. Esta unidad de capacidad corresponderá a la capacidad de un conductor esférico de 1 cm de radio, cargado con 1 u.e.s.q.

Realmente, un conductor eléctrico cargado no es un buen almacén de carga eléctrica pues se descarga con suma facilidad; de ahí que para almacenar cargas eléctricas, se utilicen los condensadores. *Un condensador es un sistema formado por dos conductores cargados con idéntica cantidad de carga, pero de distinto signo*. El que la carga total de un condensador sea nula, puesto que tiene idéntica cantidad de carga positiva como negativa, nos obliga a definir la capacidad de forma distinta de como la hemos definido para un conductor eléctrico.

Se llama capacidad de un condensador, al cociente entre su carga total positiva, y la diferencia de potencial entre los dos conductores que lo forman, es decir:

$$C \equiv \frac{+Q}{V_+ - V_-}$$

23

Su ecuación de dimensiones y unidades, son las ya mencionadas para la capacidad de un conductor.

Dado que la capacidad es una característica que básicamente depende de la geometría del conductor, en un condensador, dependerá igualmente de la geometría de los conductores que lo constituyen, y de las características eléctricas del medio que separa ambos conductores, a través de su constante dieléctrica. Vamos a calcular la capacidad para los tipos de condensadores más usuales.

9.1. Capacidad de un condensador esférico.

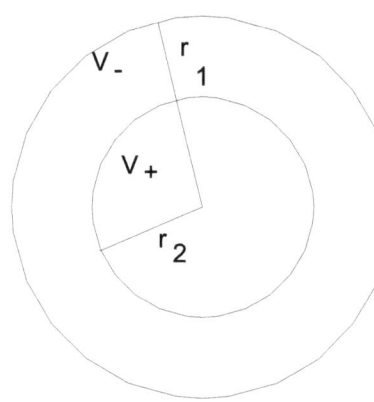

Un condensador esférico está formado por dos conductores esféricos concéntricos, en los que la esfera interna, está cargada positivamente, mientras que la externa lo está negativamente. El valor de la diferencia de potencial entre ambos conductores, vendrá dado por la expresión:

$$\int_{V_-}^{V_+} dV = V_+ - V_- = -\int_{r_1}^{r_2} \vec{E}\cdot d\vec{r} = -kQ\int_{r_1}^{r_2}\frac{dr}{r^2} = kQ\left(\frac{1}{r_2}-\frac{1}{r_1}\right)$$

La capacidad de un condensador esférico, será entonces:

$$C = \frac{Q}{V_+ - V_-} = \frac{Q}{kQ\left(\frac{1}{r_2}-\frac{1}{r_1}\right)} = \frac{r_1 r_2}{k(r_1 - r_2)} = \frac{4\pi\varepsilon\, r_1 r_2}{r_1 - r_2}$$

9.2. Capacidad de un condensador plano.

Un condensador plano está formado por dos láminas planas paralelas. Si tenemos en cuenta que el campo creado por ambas láminas tiene un valor nulo fuera del espacio entre láminas, mientras que entre placas su valor es:

$$\vec{E} = \frac{\sigma}{\varepsilon}\vec{u}_n$$

La diferencia de potencial entre placas vendrá expresada por:

$$\int_{V_-}^{V_+} dV = V_+ - V_- = -\int_d^0 \frac{\sigma}{\varepsilon}dz = \frac{\sigma}{\varepsilon}d = \frac{Q}{\varepsilon S}d$$

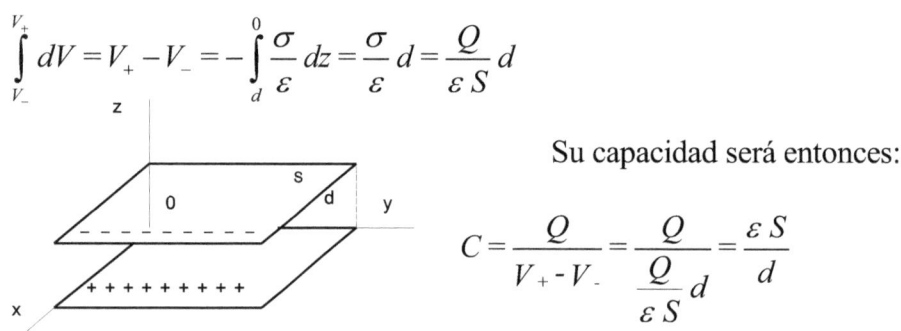

Su capacidad será entonces:

$$C = \frac{Q}{V_+ - V_-} = \frac{Q}{\frac{Q}{\varepsilon S}d} = \frac{\varepsilon S}{d}$$

9.3. Capacidad de un condensador cilíndrico.

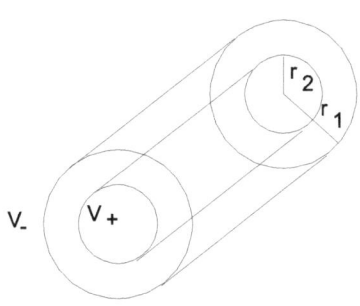

Un condensador cilíndrico está formado por dos conductores cilíndricos coaxiales, estando el conductor cargado positivamente en la parte interna del condensador mientras que el cargado negativamente se sitúa en su parte externa.

La diferencia de potencial entre conductores será:

$$\int_{V_-}^{V_+} dV = V_+ - V_- = -\int_{r_1}^{r_2} \vec{E}\, d\vec{r} = \int_{r_2}^{r_1} \frac{\lambda}{2\pi\varepsilon r}\, dr = \frac{\lambda}{2\pi\varepsilon} \ln\frac{r_1}{r_2} = \frac{Q}{2\pi\varepsilon L} \ln\frac{r_1}{r_2}$$

La capacidad de un condensador cilíndrico será entonces:

$$C = \frac{Q}{V_+ - V_-} = \frac{Q}{\dfrac{Q}{2\pi\varepsilon L}\ln\dfrac{r_1}{r_2}} = \frac{2\pi\varepsilon L}{\ln\dfrac{r_1}{r_2}}$$

9.4. Asociación de condensadores.

Vamos a tratar de calcular cual es la capacidad equivalente de una asociación de condensadores, teniendo siempre en cuenta que el número de elementos asociados ha de ser un número finito, y que hay dos posibles formas de asociación: asociación en serie, y asociación en paralelo.

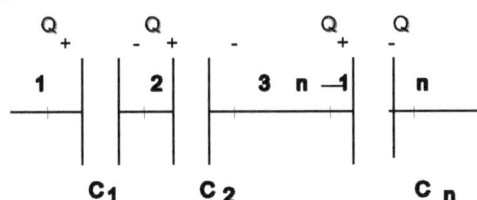

- Asociación en serie:

Una asociación en serie consiste en unir un condensador, a continuación el siguiente, y así sucesivamente, de tal forma que si están todos descargados, y cargamos la placa o conductor del primer condensador con una carga positiva, se inducirá sobre la otra placa o conductor, idéntico valor de carga pero negativo, y así sucesivamente hasta alcanzar el último condensador asociado, de tal forma que la carga total y la individual de cada condensador, es la misma, es decir, es como si realmente solo tuviésemos un condensador formado por la placa o conductor cargado positivamente del primer condensador, y la placa o conductor cargado negativamente del último de los condensadores asociados. La diferencia de potencial total, será la suma de las diferencias de potenciales entre placas de cada condensador asociado, es decir:

$$V_1 - V_n = (V_1 - V_2) + (V_2 - V_3) + \ldots + (V_{n-1} - V_n)$$

De tal forma que cada potencial, excepto el de la placa positiva del primer condensador, y de la placa negativa del último condensador asociado, figura dos veces, una con signo positivo, y otra con signo negativo.

Sustituyendo el valor de cada potencial en función de la carga y de la capacidad, tendremos que:

$$\frac{Q}{C_E} = \frac{Q}{C_1} + \frac{Q}{C_2} + \ldots + \frac{Q}{C_n}$$

De donde deducimos que *el inverso de la capacidad total o equivalente de una asociación en serie de condensadores, es la suma de los inversos de las capacidades individuales de los condensadores asociados*, es decir:

$$\frac{1}{C_E} = \frac{1}{C_1} + \frac{1}{C_2} + ... + \frac{1}{C_n}$$

- Asociación en paralelo:

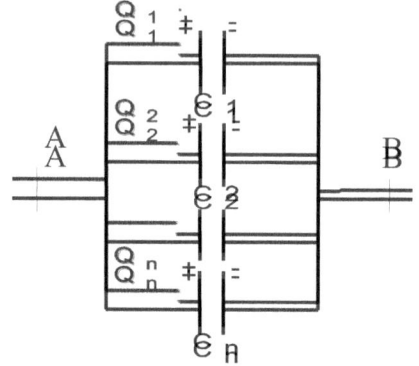

Una asociación en paralelo consiste en unir las placas o conductores cargados con igual signo de carga, a un punto común, de tal forma que es como si tuviéramos un único condensador resultante formado por una placa o conductor cargado positivamente con una carga que correspondiese a la suma de las cargas positivas que individualmente tiene cada condensador, y una placa o conductor cargado negativamente, mientras que la diferencia de potencial entre placas, al estar unidas a dos puntos comunes, es la misma para todos los condensadores, de tal forma que:

$$Q_E = Q_1 + Q_2 + ... + Q_n$$

Sustituyendo el valor de la carga en función de la capacidad y de la diferencia de potencial entre placas, obtendremos:

$$C_E(V_A - V_B) = C_1(V_A - V_B) + C_2(V_A - V_B) + ... + C_n(V_A - V_B)$$

De donde podemos deducir que *la capacidad total o equivalente de una asociación en paralelo de condensadores, es la suma de las capacidades individuales de los condensadores asociados*, es decir:

$$C_E = C_1 + C_2 + ... + C_n$$

10. ENERGÍA DE UN CONDENSADOR.

10.1: Energía de un condensador plano.

La energía de un condensador de cualquier tipo, puede expresarse en función de su capacidad, utilizando la expresión general obtenida para la energía electrostática, es decir, la energía de un condensador es:

$$W = \frac{1}{2}QV = \frac{1}{2}\frac{Q^2}{C} = \frac{1}{2}CV^2$$

Siendo V la diferencia de potencial entre placas.

Podemos, igual que hicimos en el caso de una esfera conductora, comprobar que las dos expresiones de la energía electrostática son equivalentes cuando se aplican a un condensador plano, considerando que si en ambos casos dan el mismo valor, esto ocurre siempre, es decir, que ambas expresiones pueden aplicarse indistintamente. Para un condensador plano, hemos visto que su capacidad es:

$$C = \frac{\varepsilon S}{d}$$

Sustituyendo este valor en la expresión anteriormente obtenida para la energía en función de la capacidad y de la carga, tendremos:

$$W = \frac{1}{2}QV = \frac{1}{2}\frac{Q^2}{C} = \frac{1}{2}\frac{Q^2}{\frac{\varepsilon S}{d}} = \frac{1}{2}\frac{\sigma^2 S}{\varepsilon}d$$

Teniendo en cuenta que el valor del campo creado por un condensador plano es nulo externamente al volumen limitado entre placas, y entre ellas, el valor de la intensidad del campo es:

$$\vec{E} = \frac{\sigma}{\varepsilon}\vec{u}_n$$

Utilizando la expresión de la energía en función del campo, obtendremos:

$$W = \iiint \frac{\varepsilon E^2}{2}d\tau = \frac{\varepsilon \frac{\sigma^2}{\varepsilon^2}}{2}Sd = \frac{1}{2}\frac{\sigma^2 S}{\varepsilon}d$$

Que como vemos coincide con la expresión anteriormente obtenida, por lo que consideramos que ambas expresiones de la energía, son equivalentes.

10.2. Fuerza entre placas de un condensador plano.

Hemos visto que la energía de un condensador plano es:

$$W = \frac{1}{2}\frac{\sigma^2 S}{\varepsilon}d$$

Si consideramos como variable la distancia entre placas (d), el trabajo que tendremos que realizar para separar estas, será:

$$dW = \frac{1}{2}\frac{\sigma^2 S}{\varepsilon}dx = \vec{F} \cdot \vec{dx}$$

Luego, de la expresión anterior es deducible que las placas de un condensador se atraen con una fuerza cuyo valor viene dado por la expresión:

$$\vec{F} = \frac{1}{2}\frac{\sigma^2 S}{\varepsilon}\vec{u}_n$$

10.3. Medida de la constante dieléctrica de un dieléctrico.

Un dieléctrico es un medio no conductor y una de sus aplicaciones corresponde a su utilización como medio material para separar los conductores que constituyen un condensador. La introducción de un dieléctrico entre placas o conductores que constituyen un condensador, aumenta su capacidad pues:
= Evita el paso de cargas entre placas o conductores.

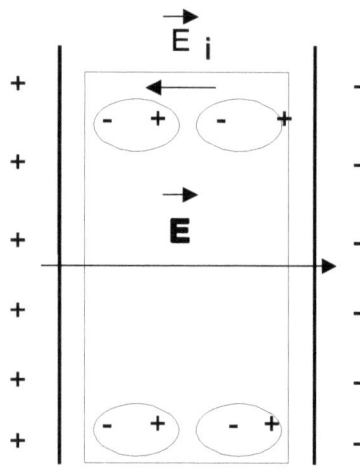

- Disminuye la diferencia de potencial entre placas o conductores.

Esta variación de la capacidad de un condensador cuando entre los conductores que lo forman se introduce un dieléctrico, sirve no solo para aumentar su capacidad sino también para medir la constante dieléctrica del material en cuestión. Vamos a indicar como se mide esta constante característica.

A la constante dieléctrica del vacío (ε_o), se le atribuyó un valor por convenio, valor que permite establecer las diferencias entre los distintos sistemas de unidades. Sin embargo, tenemos que tener en cuenta que no siempre las cargas eléctricas están situadas en el vacío sino que pueden estar en cualquier otro medio de distintas características, es decir, de distinta constante dieléctrica (ε). La forma de obtener el valor de la constante dieléctrica característica de un medio, es la siguiente:

- Se mide la capacidad de un condensador plano, cuando entre placas se ha hecho el vacío (C_o).
- Se introduce el dieléctrico entre las placas del condensador con la misma carga, midiéndose nuevamente la capacidad del mismo (C).
- La constante dieléctrica relativa del dieléctrico, es el cociente entre la capacidad del condensador con dieléctrico, y la capacidad del condensador cuando entre placas se ha hecho el vacío, es decir:

$$\varepsilon_r = \frac{\varepsilon}{\varepsilon_0} = \frac{C}{C_0}$$

Vamos a demostrar que esto es cierto. Teniendo en cuenta las definiciones de capacidad, diferencia de potencial y campo eléctrico, tendremos que:

$$\varepsilon_r = \frac{C}{C_0} = \frac{\frac{Q}{V}}{\frac{Q}{V_0}} = \frac{V_0}{V} = \frac{-E_0 d}{-E d} = \frac{E_0}{E}$$

Dado que la carga del condensador, y la distancia entre placas no se han modificado. Teniendo en cuenta el valor del campo eléctrico creado por un condensador plano, obtendremos finalmente:

$$\varepsilon_r = \frac{E_0}{E} = \frac{\sigma/\varepsilon_0}{\sigma/\varepsilon} = \frac{\varepsilon}{\varepsilon_0}$$

Que es lo que queríamos demostrar, que el cociente de las capacidades es la constante dieléctrica relativa del material entre placas.

La disminución de diferencia de potencial, y consecuente aumento de capacidad que sufre el condensador cuando introducimos un dieléctrico, tiene una fácil explicación. Los dieléctricos, como cualquier material, están formados por moléculas, y consecuentemente, estas moléculas podrán ser, moléculas dipolares, correspondientes a los dieléctricos llamados de primera especie, en las que las cargas eléctricas positivas, están separadas de las negativas, o bien, aunque las moléculas que constituyen el dieléctrico no sean dipolos, para los dieléctricos llamados de segunda especie, pueden convertirse en tales bajo la acción de un campo eléctrico externo. Esto conduce a que cuando introducimos un dieléctrico entre placas de un condensador, los dipolos ya formados, o los que se forman bajo la acción del campo eléctrico, se orientan de acuerdo al campo, apareciendo en la superficie del dieléctrico más próxima a las placas, cargas eléctricas de signo contrario a las que la placa del condensador tiene, por lo que las líneas de campo creadas por estas cargas inducidas, restan intensidad al campo eléctrico creado por las placas, o lo que es lo mismo, disminuyen el valor de la diferencia de potencial entre placas.

11. BIBLIOGRAFÍA.

- Becker, R.: TEORIA DE LA ELECTRICIDAD. TOMO I. Ed. Artes Gráficas Grijelmo. Bilbao 1959.
- Pérez del Pulgar, J.A.: TEORIA DE LOS CAMPOS ELECTROMAGNETICOS. Ed. El Financiero. Madrid 1928.

PRESENTACIÓN:

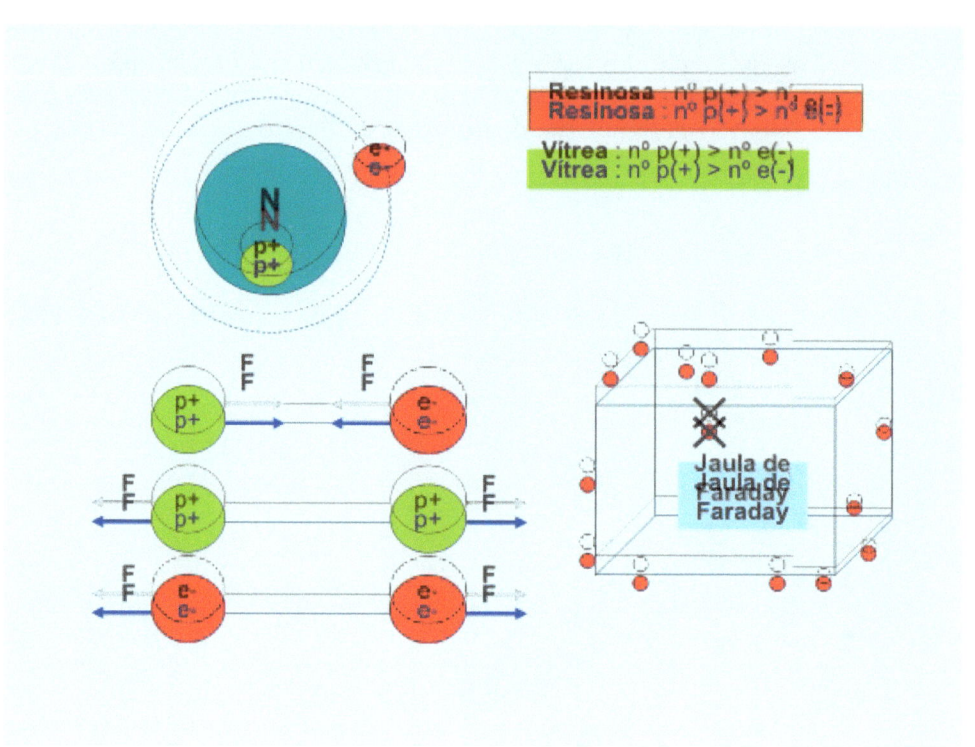

LEY DE COULOMB

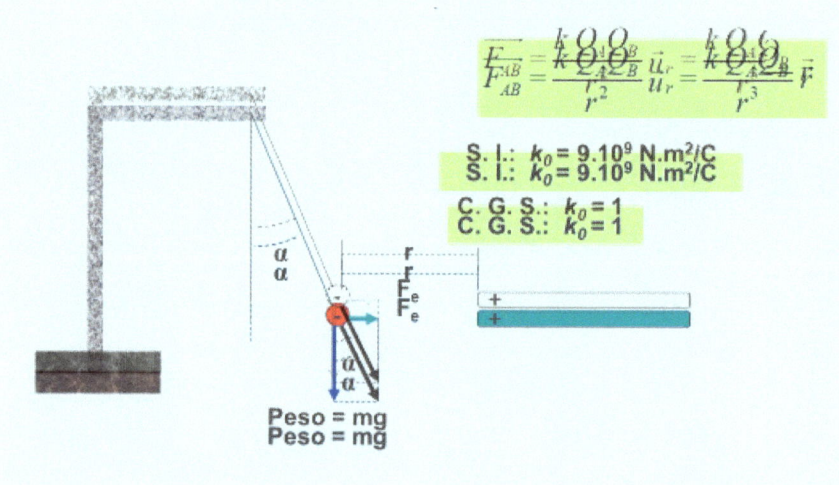

$$\vec{F}_{AB} = \frac{k_0 Q_A Q_B}{r^2}\vec{u}_r = \frac{k_0 Q_A Q_B}{r^3}\vec{r}$$

S. I.: $k_0 = 9 \cdot 10^9$ N·m²/C

C. G. S.: $k_0 = 1$

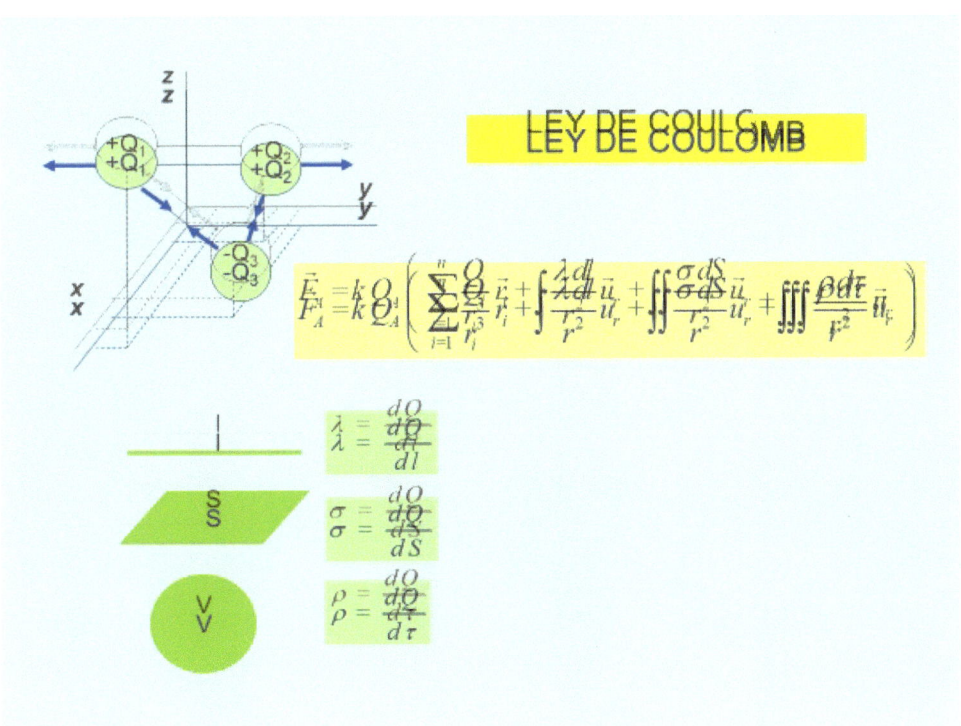

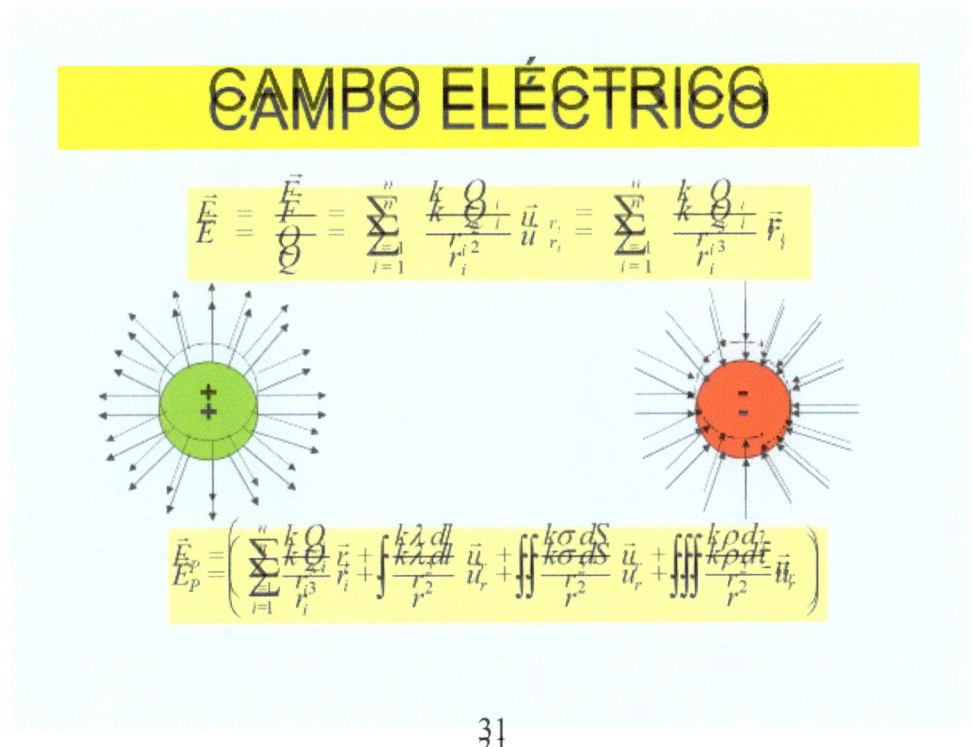

POTENCIAL ELECTROSTÁTICO

$$f_x = \frac{F_x}{Q} = -E_x = -\sum_{i=1}^{n} \frac{kQ_i}{r_i^3}(x-x_i) \sum_{i=1}^{n} \frac{\partial\left(\frac{kQ_i}{r_i}\right)}{\partial x} = \frac{\partial V}{\partial x}$$

$$f_y = \frac{F_y}{Q} = -E_y = -\sum_{i=1}^{n} \frac{kQ_i}{r_i^3}(y-y_i) = \sum_{i=1}^{n} \frac{\partial\left(\frac{kQ_i}{r_i}\right)}{\partial y} = \frac{\partial V}{\partial y}$$

$$f_z = \frac{F_z}{Q} = -E_z = -\sum_{i=1}^{n} \frac{kQ_i}{r_i^3}(z-z_i) = \sum_{i=1}^{n} \frac{\partial\left(\frac{kQ_i}{r_i}\right)}{\partial z} = \frac{\partial V}{\partial z}$$

$$\vec{E} = -\overrightarrow{grad\,V} \qquad W_A^B = Q\int_A^B dV = Q(V_B - V_A) \qquad W_\infty^B = QV_B \Rightarrow V_B = \frac{W_\infty^B}{Q}$$

$$V_P = \int \frac{kdQ}{r} = \int_0^{R_0}\int_0^{2\pi} \frac{k\sigma R\,dR\,d\phi}{\sqrt{R^2+z^2}} = \int_0^{R_0} \frac{2\pi k\sigma R\,dR}{\sqrt{R^2+z^2}} = \left[2\pi k\sigma\sqrt{R^2+z^2}\right]_0^{R_0}$$

$$dQ = \sigma\,dS\,;\ dS = dR\,dl = dR\,R\,d\phi\,;\ r = \sqrt{R^2+z^2}$$

$$E_x = -\frac{\partial V_P}{\partial x} = 0$$

$$E_y = -\frac{\partial V_P}{\partial y} = 0$$

$$E_z = -\frac{\partial V_P}{\partial z} = 2\pi k\sigma\left[1 - \frac{z}{\sqrt{R_0^2+z^2}}\right]$$

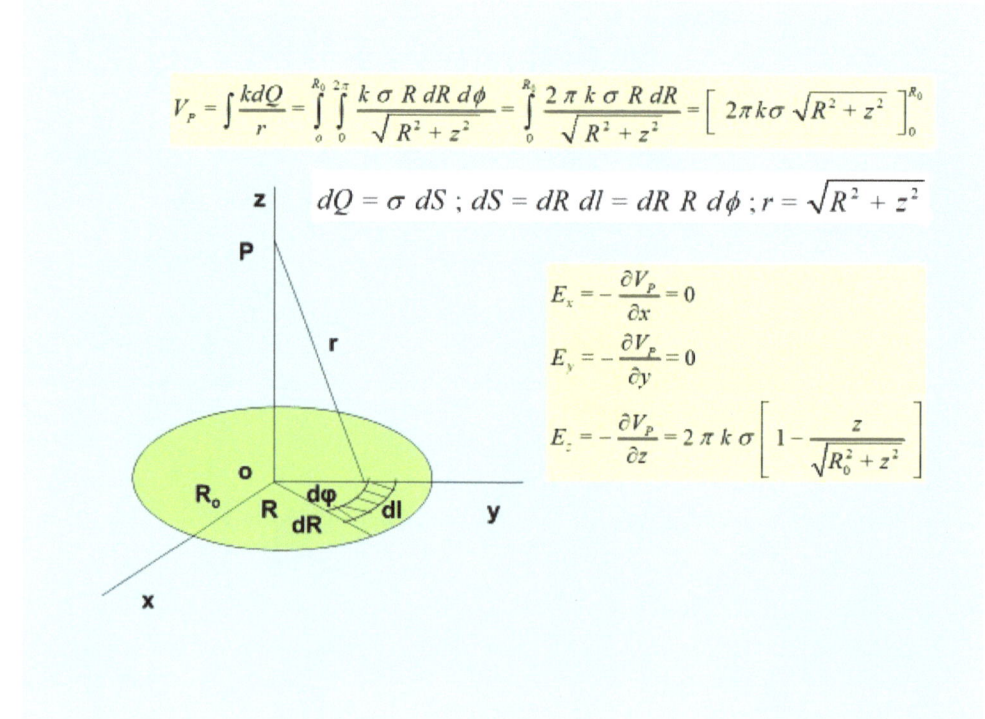

TEOREMA DE GAUSS

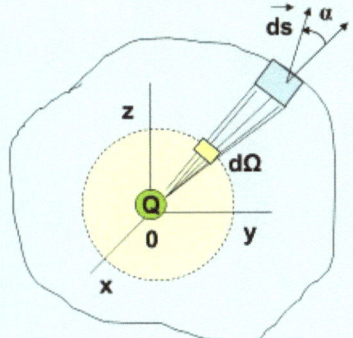

$$\phi_{\vec{E}} = \iint_S \vec{E} \cdot \vec{dS} = \iint_S \frac{kQ}{r^2} dS \, (\vec{u_r} \cdot \vec{u_n})$$

$$\phi_{\vec{E}} = \iint_S \vec{E} \cdot \vec{dS} = kQ \iint_S \frac{dS_r}{r^2} = kQ \iint_S d\Omega = kQ4\pi = \frac{Q}{\varepsilon}$$

$$k = \frac{1}{4\pi\varepsilon}$$

$$\iint_S \varepsilon \vec{E} \cdot \vec{dS} = \iint_S \vec{D} \cdot \vec{dS} = Q$$

$$\iint_S \vec{E} \cdot \vec{dS} = \iiint_\tau div\,\vec{E}\,d\tau = \iiint_\tau \frac{\rho}{\varepsilon} d\tau \quad ; \quad div\,\vec{E} = \frac{\rho}{\varepsilon}$$

APLICACIONES DEL TEOREMA DE GAUSS

ESTRUCTURA DEL CAMPO ELÉCTRICO

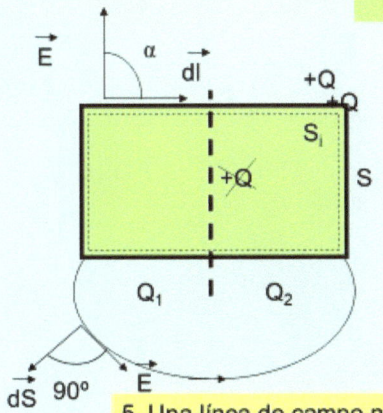

1. En el interior $Q_i = 0$

$$\vec{F} = Q\vec{E_i} = 0 \Rightarrow Q_i = 0, o, \vec{E_i} = 0, \text{por Gauss} \iint_S \vec{E_i} \cdot \vec{dS_i} = 0 \Rightarrow Q_i = 0$$

2. La carga está en la superficie

3. La superficie es equipotencial

$$\vec{F} = 0 \Rightarrow \delta W = 0 \Rightarrow dV = 0$$

4. El campo es normal a la superficie

$$\int_A^B dV = 0 = W_A^B = \int_A^B \vec{F} \cdot \vec{dl} = Q|\vec{E}||\vec{l}|\cos\alpha \Rightarrow \cos\alpha = 0 \Rightarrow \alpha = 90°$$

5. Una línea de campo no puede nacer y morir sobre el mismo conductor

6. Una línea de campo nace en una carga positiva y muere en una negativa

$$\iint_S \vec{E} \cdot \vec{dS} = 0 = \frac{Q_1 + Q_2}{\varepsilon} \Rightarrow Q_1 = -Q_2$$

CAMPO Y POTENCIAL DE UNA ESFERA CONDUCTORA

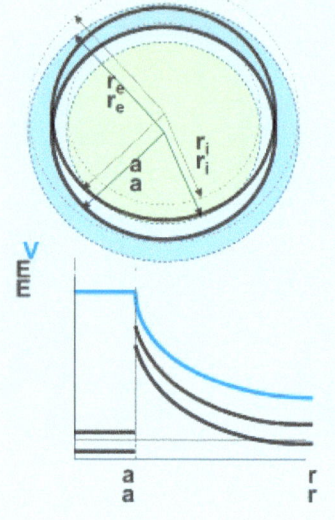

Interior: $r \leq a$

$$\oiint_S \vec{E}_i \cdot d\vec{S} = 0 \Rightarrow \vec{E}_i = 0$$

$$V_i = -\int \vec{E}_i \cdot d\vec{r} = -\int 0 \Rightarrow V_i = cte; V_i = V_S = \frac{\sigma a}{\varepsilon}$$

Exterior: $r \geq a$

$$E_e \, 4\pi r^2 = \frac{Q}{\varepsilon} = \frac{4\pi a^2 \sigma}{\varepsilon} \Rightarrow \vec{E}_e = \frac{\sigma}{\varepsilon} \frac{a^2}{r^2} \vec{u}_r$$

$$V_e = -\int \vec{E}_e \cdot d\vec{r} = -\int \frac{\sigma}{\varepsilon} \frac{a^2}{r^2} dr = \frac{\sigma a^2}{\varepsilon r}$$

CAMPO Y POTENCIAL DE UNA ESFERA AISLANTE

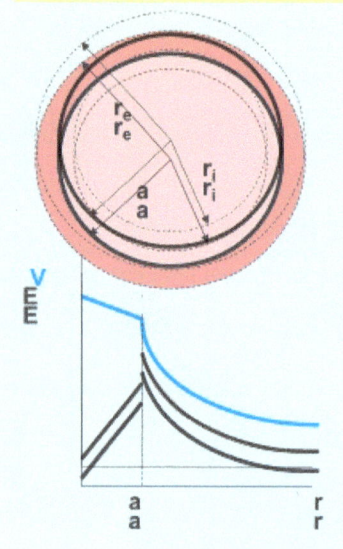

Exterior: $r \geq a$

$$\oiint_S \vec{E}_e \cdot d\vec{S} = E_e \, 4\pi r^2 = \frac{Q}{\varepsilon} = \frac{4}{3}\pi a^3 \frac{\rho}{\varepsilon} \Rightarrow \vec{E}_e = \frac{1}{3}\frac{\rho}{\varepsilon}\frac{a^3}{r^2}\vec{u}_r$$

$$V_e = -\int \vec{E}_e \cdot d\vec{r} = -\int \frac{1}{3}\frac{\rho}{\varepsilon}\frac{a^3}{r^2} dr = \frac{1}{3}\frac{\rho}{\varepsilon}\frac{a^3}{r}$$

Interior: $r \leq a$

$$\oiint_S \vec{E}_i \cdot d\vec{s} = E_i \, 4\pi r^2 = \frac{Q_i}{\varepsilon} = \frac{4}{3}\pi r^3 \frac{\rho}{\varepsilon} \Rightarrow \vec{E}_i = \frac{1}{3}\frac{\rho}{\varepsilon} r \vec{u}_r$$

$$V_i = -\int \vec{E}_i \cdot d\vec{r} = -\int \frac{1}{3}\frac{\rho}{\varepsilon} r \, dr = -\frac{1}{3}\frac{\rho}{\varepsilon}\frac{r^2}{2} + C$$

$$V_i = -\frac{1}{3}\frac{\rho}{\varepsilon}\frac{r^2}{2} + C = \frac{1}{3}\frac{\rho}{\varepsilon}\frac{a^3}{r} = V_e \quad \boxed{V_i = \frac{1}{2}\frac{\rho}{\varepsilon}\left(a^2 - \frac{r^2}{3}\right)}$$

CAMPO Y POTENCIAL DE UNA DISTRIBUCIÓN LINEAL DE CARGA

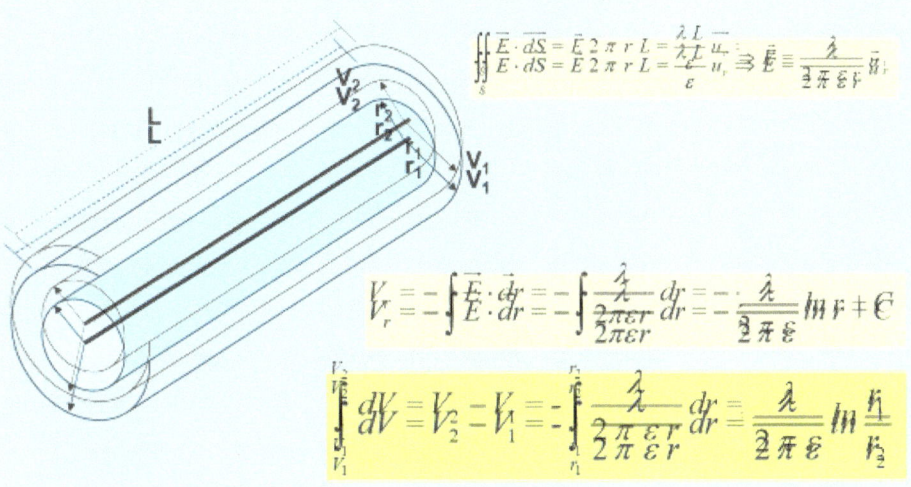

$$\oiint_S \vec{E}\cdot d\vec{S} = \vec{E}\, 2\pi r L = \frac{\lambda L}{\varepsilon} \Rightarrow \vec{E} \equiv \frac{\lambda}{2\pi\varepsilon r}\vec{u}_r$$

$$V_r = -\int \vec{E}\cdot d\vec{r} = -\int \frac{\lambda}{2\pi\varepsilon r}dr = -\frac{\lambda}{2\pi\varepsilon}\ln r + C$$

$$\int_{V_1}^{V_2} dV = V_2 - V_1 = -\int_{r_1}^{r_2}\frac{\lambda}{2\pi\varepsilon r}dr = \frac{\lambda}{2\pi\varepsilon}\ln\frac{r_1}{r_2}$$

CAMPO Y POTENCIAL DE UNA DISTRIBUCIÓN SUPERFICIAL DE CARGA

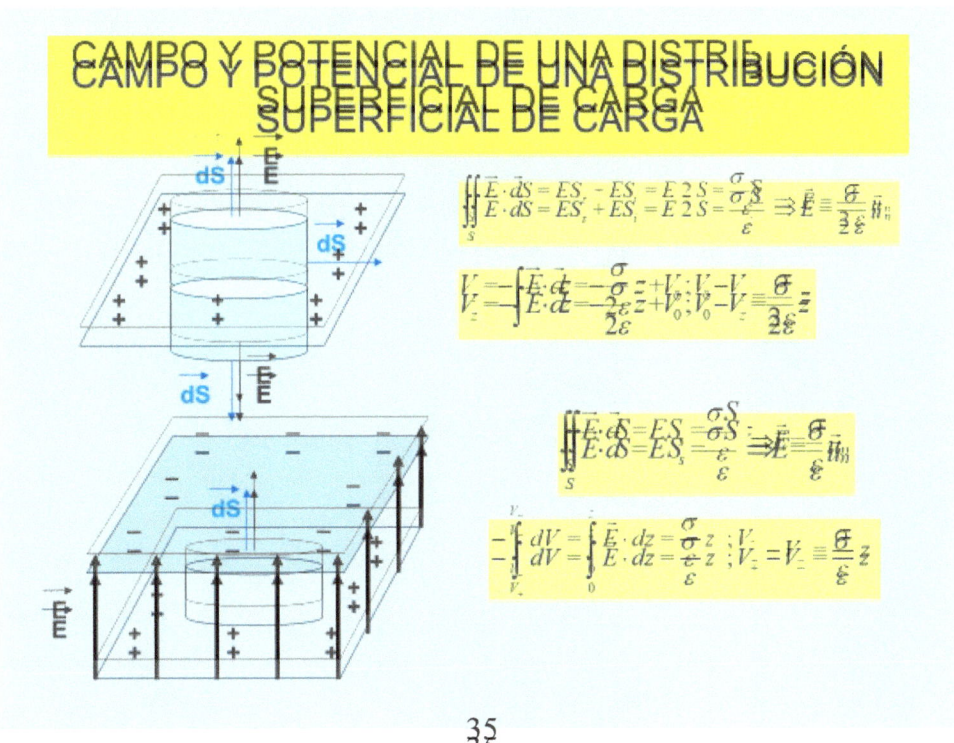

$$\oiint_S \vec{E}\cdot d\vec{S} = ES_s + ES_i = E\,2S = \frac{\sigma S}{\varepsilon} \Rightarrow \vec{E} \equiv \frac{\sigma}{2\varepsilon}\vec{u}_n$$

$$V_z = -\int \vec{E}\cdot d\vec{z} = -\frac{\sigma}{2\varepsilon}z + V_0\;;\; V_0 - V_z \equiv \frac{\sigma}{2\varepsilon}z$$

$$\oiint_S \vec{E}\cdot d\vec{S} = ES_s = \frac{\sigma S}{\varepsilon} \Rightarrow \vec{E} \equiv \frac{\sigma}{\varepsilon}\vec{u}_n$$

$$-\int_{V_z}^{V_s} dV = \int_0^z \vec{E}\cdot d\vec{z} = \frac{\sigma}{\varepsilon}z\;;\; V_s - V_z \equiv \frac{\sigma}{\varepsilon}z$$

PRESIÓN ELECTROSTÁTICA

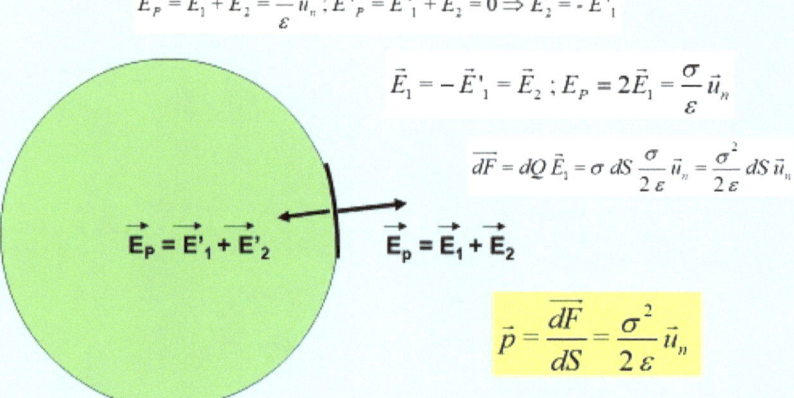

$$\vec{E}_P = \vec{E}_1 + \vec{E}_2 = \frac{\sigma}{\varepsilon}\vec{u}_n \; ; \; \vec{E}'_P = \vec{E}'_1 + \vec{E}_2 = 0 \Rightarrow \vec{E}_2 = -\vec{E}'_1$$

$$\vec{E}_1 = -\vec{E}'_1 = \vec{E}_2 \; ; \; E_P = 2\vec{E}_1 = \frac{\sigma}{\varepsilon}\vec{u}_n$$

$$\overrightarrow{dF} = dQ\,\vec{E}_1 = \sigma\,dS\,\frac{\sigma}{2\varepsilon}\vec{u}_n = \frac{\sigma^2}{2\varepsilon}dS\,\vec{u}_n$$

$$\vec{p} = \frac{\overrightarrow{dF}}{dS} = \frac{\sigma^2}{2\varepsilon}\vec{u}_n$$

ENERGÍA ELECTÓSTATICA

CARGAS PUNTUALES

$$W_{12} = -\int_{\infty}^{r_{12}} Q_2 \vec{E}_1 \cdot \vec{dr} = -\int_{\infty}^{r_{12}} Q_2 \frac{kQ_1}{r^2}dr = k\,Q_1\,Q_2\,\frac{1}{r_{12}} = \frac{kQ_1Q_2}{r_{12}}$$

$$W_{12} = \frac{kQ_1Q_2}{r_{12}} = \frac{1}{2}\left(Q_1\frac{kQ_2}{r_{21}} + Q_2\frac{kQ_1}{r_{12}}\right) = \frac{1}{2}(Q_1V_1 + Q_2V_2) \qquad W_n = \frac{1}{2}\sum_{i=1}^{n}Q_iV_i$$

DISTRIBUCIÓN CONTINUA DE CARGA

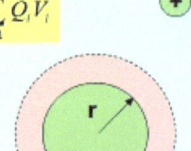

$$Q = \iiint_\tau \rho\,d\tau \; ; \; W = \frac{1}{2}\iiint_\tau \rho V\,d\tau$$

$$W = \frac{1}{2}\iiint_\tau \varepsilon(\text{div}\,\vec{E})V\,d\tau = \frac{\varepsilon}{2}\iiint_\tau \text{div}(V\vec{E})\,d\tau + \frac{\varepsilon}{2}\iiint_\tau E^2\,d\tau \qquad W = \frac{1}{2}VQ = \frac{Q^2}{8\pi\varepsilon r}$$

$$W = \frac{\varepsilon}{2}\iiint E^2\,d\tau \qquad W = \iint \frac{\varepsilon E^2}{2}d\tau = \frac{1}{2}\int_r^{\infty}\frac{\varepsilon Q^2}{(4\pi\varepsilon r^2)^2}4\pi r^2\,dr = \frac{1}{2}\int_r^{\infty}\frac{Q^2}{4\pi\varepsilon r^2}dr = \frac{Q^2}{8\pi\varepsilon r}$$

CAPACIDAD - CONDENSADORES

$$C = \frac{Q}{V} \qquad C = \frac{Q}{V} = \frac{r}{9 \cdot 10^9} \qquad C = \frac{+Q}{V_+ - V_-}$$

CONDENSADOR ESFÉRICO

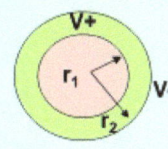

$$\int_{V_-}^{V_+} dV = V_+ - V_- = -\int_{r_1}^{r_2} \vec{E} \cdot d\vec{r} = -kQ \int_{r_1}^{r_2} \frac{dr}{r^2} = kQ\left(\frac{1}{r_2} - \frac{1}{r_1}\right)$$

$$C = \frac{Q}{V_+ - V_-} = \frac{Q}{kQ\left(\frac{1}{r_2} - \frac{1}{r_1}\right)} = \frac{r_1 r_2}{k(r_1 - r_2)} = \frac{4\pi\varepsilon r_1 r_2}{r_1 - r_2}$$

CONDENSADOR PLANO

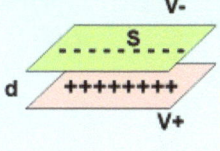

$$V_+ - V_- = -\int_d^0 \frac{\sigma}{\varepsilon} dz = \frac{\sigma}{\varepsilon} d = \frac{Q}{\varepsilon S} d$$

$$C = \frac{Q}{V_+ - V_-} = \frac{Q}{\frac{Q}{\varepsilon S} d} = \frac{\varepsilon S}{d}$$

CONDENSADOR CILÍNDRICO

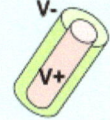

$$V_+ - V_- = \frac{\lambda}{2\pi\varepsilon} \ln\frac{r_1}{r_2} = \frac{Q}{2\pi\varepsilon L} \ln\frac{r_1}{r_2}$$

$$C = \frac{Q}{\frac{Q}{2\pi\varepsilon L} \ln\frac{r_1}{r_2}} = \frac{2\pi\varepsilon L}{\ln\frac{r_1}{r_2}}$$

ASOCIACIÓN DE CONDENSADORES

ASOCIACIÓN EN SERIE

$$V_1 - V_n = (V_1 - V_2) + (V_2 - V_3) + \ldots + (V_{n-1} - V_n)$$

$$\frac{Q}{C_E} = \frac{Q}{C_1} + \frac{Q}{C_2} + \ldots + \frac{Q}{C_n}$$

$$\frac{1}{C_E} = \frac{1}{C_1} + \frac{1}{C_2} + \ldots + \frac{1}{C_n}$$

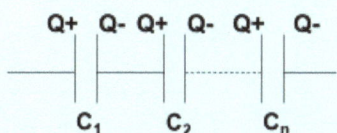

ASOCIACIÓN EN PARALELO

$$Q_E = Q_1 + Q_2 + \ldots + Q_n$$

$$C_E(V_A - V_B) = C_1(V_A - V_B) + C_2(V_A - V_B) + \ldots + C_n(V_A - V_n)$$

$$C_E = C_1 + C_2 + \ldots + C_n$$

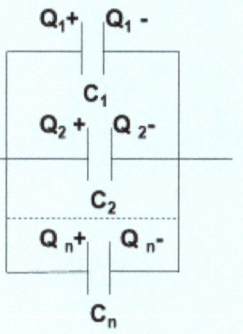

ENERGÍA DE UN CONDENSADOR

$$W = \frac{1}{2}QV = \frac{1}{2}\frac{Q^2}{C} = \frac{1}{2}CV^2$$

$$W = \frac{1}{2}QV = \frac{1}{2}\frac{Q^2}{C} = \frac{1}{2}\frac{Q^2}{\frac{\varepsilon S}{d}} = \frac{1}{2}\frac{\sigma^2 S}{\varepsilon}d$$

$$W = \iiint \frac{\varepsilon E^2}{2}d\tau = \frac{\varepsilon \frac{\sigma^2}{\varepsilon^2}}{2}Sd = \frac{1}{2}\frac{\sigma^2}{\varepsilon}Sd$$

FUERZA ENTRE PLACAS

$$dW = \frac{1}{2}\frac{\sigma^2 S}{\varepsilon}dx = \vec{F}\cdot d\vec{x}$$

MEDIDA DE LA CONSTANTE DIELÉCTRICA RELATIVA

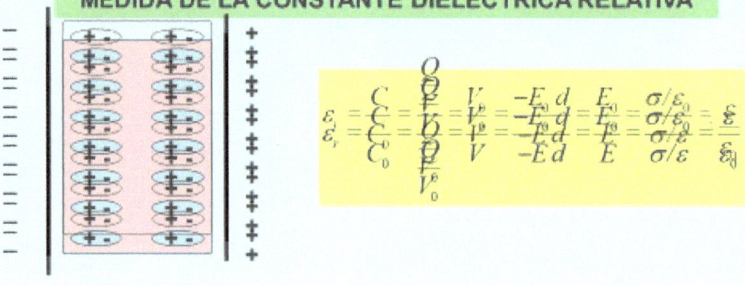

$$\varepsilon_r = \frac{C}{C_0} = \frac{\frac{Q}{V}}{\frac{Q}{V_0}} = \frac{V_0}{V} = \frac{-E_0 d}{-Ed} = \frac{E_0}{E} = \frac{\sigma/\varepsilon_0}{\sigma/\varepsilon} = \frac{\varepsilon}{\varepsilon_0}$$

12. PROBLEMAS RESUELTOS:

12.1. Dos esferas de 0,1 g de masa cada una e igual carga, se suspenden de dos hilos inextensibles de 13 cm de longitud. Las esferas se separan 10 cm debido a la fuerza de repulsión. Calcular su carga ($g = 9,8$ m/s^2 ; $k_o = 9\cdot 10^9$ N.m^2/C^2).

$$a \equiv \sqrt{0,13^2 - 0,05^2} = 0,12 \text{ m}$$

$$tg\,\alpha \equiv \frac{5}{12} = \frac{F_e}{P} = \frac{\frac{k_o Q^2}{r^2}}{mg}$$

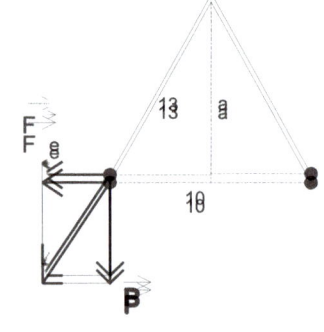

$$Q \equiv \sqrt{\frac{5}{12}\frac{mgr^2}{k}} = \sqrt{\frac{5}{12}\frac{0,1\cdot 10^{-3}\cdot 9,8\cdot 0,1^2}{9\cdot 10^9}} = 2,13\cdot 10^{-8} \text{ C}$$

12.2. Dos esferas eléctricas cargadas se atraen con una fuerza F cuando están a una distancia d. Si se ponen en contacto, con lo que adquieren cargas iguales, y se vuelven a situar a la misma distancia d, se repelen con una fuerza $F/4$. Si una de las esferas inicialmente tenía una carga de 6 µC, cuál es el valor inicial de la otra.

$$F \equiv k\frac{Q\cdot 6\cdot 10^{-6}}{d^2} \quad ; \quad -\frac{F}{4} = k\frac{\left(\frac{Q+6\cdot 10^{-6}}{2}\right)^2}{d^2}$$

Dividiendo ambas expresiones:

$$\frac{1}{\frac{1}{4}} = \frac{Q \cdot 6 \cdot 10^{-6}}{\left(\frac{Q + 6 \cdot 10^{-6}}{2}\right)^2}$$

$$= Q \cdot 6 \cdot 10^{-6} = (Q + 6 \cdot 10^{-6})^2 \Rightarrow Q^2 + 18 \cdot 10^{-6} Q + 36 \cdot 10^{-12} = 0$$

$$Q = -9 \cdot 10^{-6} \pm \sqrt{9^2 \cdot 10^{-12} - 36 \cdot 10^{-12}}$$

$$Q = -9 \cdot 10^{-6} \pm \sqrt{45} \cdot 10^{-6} \Rightarrow Q_1 = -2,3 \ \mu C \ ; \ Q_2 = -15,7 \ \mu C$$

12.3. Para determinar la constante dieléctrica del aceite para transformadores se utilizan dos cargas iguales que situadas en el vacío a 20 cm ejercen entre sí una fuerza de 90 N, mientras que en el aceite hay que situarlas a 14 cm para obtener la misma fuerza. Calcular: a) El valor de la carga de cada carga. b) El valor de la constante dieléctrica del aceite si la del vacío es de $8,85 \cdot 10^{-12} \ C^2 / N \cdot m^2$.

a) $Q = \sqrt{4\pi \ \varepsilon_0 \ F \ r_1^2} = \sqrt{4\pi \ 8,85 \cdot 10^{-12} \cdot 90 \cdot 0,2^2} = \sqrt{400 \cdot 10^{-12}} = 20 \cdot 10^{-6} \ C \equiv 20 \ \mu C$

b) $F_0 = \frac{Q^2}{4\pi \ \varepsilon_0 \ r_1^2} \ ; \ F_a = \frac{Q^2}{4\pi \ \varepsilon_a \ r_2^2}$

Dividiendo ambas expresiones obtenemos:

$$1 = \frac{\varepsilon_a \ r_2^2}{\varepsilon_0 \ r_2^2} \ ; \ \varepsilon_a = \varepsilon_0 \frac{r_1^2}{r_2^2} = 8,85 \cdot 10^{-12} \frac{0,2^2}{0,14^2} = 18,06 \cdot 10^{-12} \ \frac{C^2}{N \cdot m^2}$$

12.4. Tres cargas de 1, 2 y 3 μC dispuestas en línea y situadas en el vacío, se unen mediante dos hilos de 0,5 m de longitud. Calcular la tensión en cada hilo ($k_0 = 9 \cdot 10^9 \ Nm^2/C^2$):

$$T_{12} = k_0 \frac{Q_1 Q_2}{0,5^2} + k_0 \frac{Q_2 Q_3}{1^2} = 0,099 \ N \quad ; \quad T_{23} = k_0 \frac{Q_3 Q_2}{0,5^2} + k_0 \frac{Q_3 Q_1}{1^2} = 0,243 \ N$$

12.5. Una esfera conductora de 1,5 g se carga con una cantidad de carga Q y a continuación se pone en contacto contra esfera de iguales dimensiones y peso, colgándose ambas de dos hilos inextensibles. Debido a la fuerza de repulsión generada entre ambas esferas, se separan 10 cm, formando los hilos de las que están suspendidas un ángulo de 30°. Suponiendo que están en el vacío, calcular el valor de la carga Q con la que se cargó la esfera inicialmente ($k_0 = 9 \cdot 10^9 \ Nm^2/C^2 \ ; \ g = 9,8 \ m/s^2$):

$$tg \frac{\alpha}{2} = \frac{F_E}{P} = \frac{k_0 \frac{QQ}{2 \cdot 2d^2}}{mg} \Rightarrow Q = \sqrt{\frac{4d^2 mg \ tg \frac{\alpha}{2}}{k_0}} = \sqrt{\frac{4 \cdot 0,1^2 \cdot 1,5 \cdot 10^{-3} \cdot 9,8 \cdot tg \ 15°}{9 \cdot 10^9}} = 1,32 \cdot 10^{-7} \ C$$

12.6. Con que fuerza se atraen dos bolitas de plomo de 1 cm de radio situadas a una distancia de 1 m si a cada átomo de la primera bolita se le extrae un electrón y todos los electrones extraídos se depositan en la otra, siendo el peso atómico del plomo 207 g ($k_0 = 9 \cdot 10^9 Nm^2/C^2$, $\rho_{Pb} = 11,3 \ g/cm^3$, $e = 1,6 \cdot 10^{-19} C$, $N_A = 6 \cdot 10^{23}$ moléculas/mol).

$$F = k_0 \frac{Q^2}{d^2} = k_0 \frac{(nN_A e)^2}{d^2} = k_0 \frac{\left(\frac{m}{P.M.}\right)^2 N_A^2 e^2}{d^2} = k_0 \frac{\left(\frac{V\rho_{Pb}}{P.M.}\right)^2 N_A^2 e^2}{d^2} = k_0 \frac{\left(\frac{\frac{4}{3}\pi r^3 \cdot \rho_{Pb}}{P.M}\right) N_A^2 e^2}{d^2}$$

$$F = 9 \cdot 10^9 \frac{\left(\frac{\frac{4}{3}\pi \cdot 1^3 \cdot 11,3}{207}\right)^2 6^2 \cdot 10^{46} \cdot 1,6^2 \cdot 10^{-38}}{1^2} = 4,34 \cdot 10^{18} \ N$$

12.7. En cada uno de los vértices de un cuadrado de 40 cm de lado hay una carga de 6 μC. Calcular el potencial en el centro del cuadrado y en uno de los vértices, del que se ha suprimido previamente la carga ($k_0 = 9.10^9 \ N.m^2/C^2$).

a) $V_0 = k_0 \dfrac{4Q_i}{\sqrt{2\dfrac{l^2}{2^2}}} = 9 \cdot 10^9 \dfrac{4 \cdot 6 \cdot 10^{-6}}{\sqrt{\dfrac{0,4^2}{2}}} = 763,7 \cdot 10^3 \ V$

b) $V_V = k_0 \left(\dfrac{2Q_i}{l} + \dfrac{Q_i}{\sqrt{l^2 + l^2}}\right) = 9 \cdot 10^9 \cdot 6 \cdot 10^{-6} \left(\dfrac{2}{0,4} + \dfrac{1}{0,4\sqrt{2}}\right) = 365,45 \cdot 10^3 \ V$

12.8. En los vértices de un cuadrado de 4 m de lado se sitúan cargas de 6 μC. Calcular el campo y el potencial en el centro de dicho cuadrado y en el punto medio de uno de sus lados teniendo en cuenta que las cargas situadas sobre una diagonal son positivas, mientras que las situadas sobre la otra son negativas ($k_0 = 9.10^9 \ N.m^2/C^2$).

a)
$|E_i| = \dfrac{k_0 Q_i}{2\left(\dfrac{l}{2}\right)^2} = \dfrac{9 \cdot 10^9 \cdot 6 \cdot 10^{-6}}{2 \cdot 2^2} = 6,75 \cdot 10^3 \ N/C$

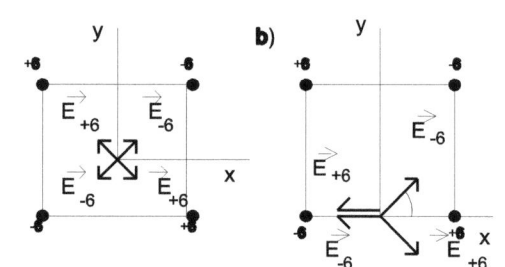

$E_x = 2 E_i \cos 45 - 2 E_i \cos 45 = 0$

$E_y = 2 E_i \ sen \ 45 - 2 E_i \ sen \ 45 = 0$

$\vec{E}_0 = 0$

$V_0 = \dfrac{k_0 (Q_1 + Q_2 + Q_3 + Q_4)}{\sqrt{2\dfrac{l^2}{2^2}}} = \dfrac{9 \cdot 10^9 (6 - 6 + 6 - 6)}{\sqrt{2 \cdot 2^2}} = 0$

b)
$$E_x = k_0 \left(\frac{-2Q_i}{l^2} + \frac{2Q_i}{l^2 + \left(\frac{l}{2}\right)^2} \cos\alpha \right) = 9 \cdot 10^9 \left(\frac{-2 \cdot 6 \cdot 10^{-6}}{2^2} + \frac{2 \cdot 6 \cdot 10^{-6}}{4^2 + 2^2} \cos 63,4° \right) = -22970 \ N/C$$

$$E_y = k_0 \left(\frac{Q_i}{\left(l^2 + \left(\frac{l}{2}\right)^2\right)} sen\,\alpha - \frac{Q_i}{\left(l^2 + \left(\frac{l}{2}\right)^2\right)} sen\,\alpha \right) = 0$$

$$\vec{E}_m = -22,97 \ \vec{i} \ N/C$$

$$V_m = k_0 \left(\frac{Q_i - Q_i}{\frac{l}{2}} + \frac{Q_i - Q_i}{\sqrt{l^2 + \left(\frac{l}{2}\right)^2}} \right) = 0$$

12.9. En los vértices de un cuadrado de 4 cm de lado se colocan cargas de -4, -4, 3, y -3 μC. Calcular el campo y el potencial en el centro del cuadrado (k_o = 9.10^9 N.m^2/C^2).

a) $E_x = -2 \dfrac{k_0 Q_3}{\left(\sqrt{2\dfrac{l^2}{4}}\right)^2} \cos 45° = -2 \dfrac{9 \cdot 10^9 \cdot 3 \cdot 10^{-6}}{\left(\sqrt{2\dfrac{4^2}{4}}\right)^2} \dfrac{\sqrt{2}}{2} = -4,77 \cdot 10^7 \ N/C$

$E_y = 2 \dfrac{k_0 Q_4}{\left(\sqrt{2\dfrac{l^2}{4}}\right)^2} \cos 45° = 2 \dfrac{9 \cdot 10^9 \cdot 4 \cdot 10^{-6}}{\left(\sqrt{2\dfrac{4^2}{4}}\right)^2} \dfrac{\sqrt{2}}{2} = 6,36 \cdot 10^7 \ N/C$

$|\vec{E}| = \sqrt{E_x^2 + E_y^2} = \sqrt{(4,77^2 + 6,36^2)10^{14}} = 7,95 \cdot 10^7 \ N/C$

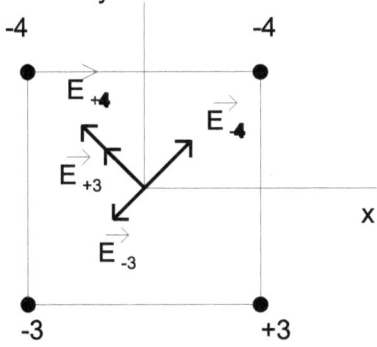

$\cos\alpha = \dfrac{-4,77}{7,95} = -0,6 \ ; \alpha = 143°$

$\cos\beta = \dfrac{6,36}{7,95} = 0,8 \ ; \beta = 36,8°$

b) $V = k_0 \dfrac{Q_1 + Q_2 + Q_3 + Q_4}{\sqrt{2\dfrac{l^2}{2^2}}} = 9 \cdot 10^9 \dfrac{(-4 - 4 + 3 - 3)10^{-6}}{\sqrt{8} \cdot 10^{-2}} = -25,45 \ V$

12.10: Tres cargas de 2, 3, y 4 μC, están situadas en los vértices de un triángulo equilátero de 10 cm de lado. Hallar el campo y el potencial en la carga de 4 μC ($k_o = 9 \cdot 10^9$ N.m^2/C^2):

a) $E_x = k_0 \left[\dfrac{Q_{+2}}{r^2} + \dfrac{Q_{+3}}{r^2} \dfrac{1}{2} \right] = 9 \cdot 10^9 \dfrac{(2+1,5)10^{-6}}{0,1^2} = 3,15 \cdot 10^6$ N/C

$E_y = -k_0 \dfrac{Q_{+3}}{r^2} \dfrac{\sqrt{3}}{2} = -9 \cdot 10^9 \dfrac{3 \cdot 10^{-6}}{0,1^2} \dfrac{\sqrt{3}}{2} = -2,338 \cdot 10^6$ N/C

$|\vec{E}| = \sqrt{E_x^2 + E_y^2} = \sqrt{(3,15^2 + 2,338^2)10^{12}} = 3,92 \cdot 10^6$ N/C

$\cos \alpha = \dfrac{3,15}{3,92} = 0,8035 \,;\, \alpha = 36,52°$

$\cos \beta = -\dfrac{2,338}{3,92} = -0,5964 \,;\, \beta = 233,38°$

b) $V = k_0 \left[\dfrac{2 \cdot 10^6}{0,10} + \dfrac{3 \cdot 10^6}{0,1} \right] = 4,5 \cdot 10^4$ V

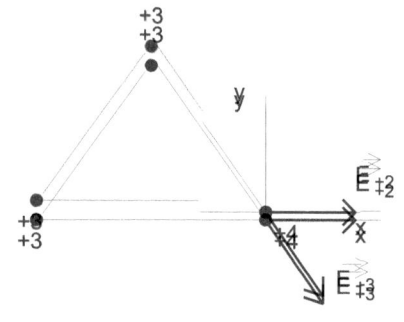

12.11: En el vértice de un rectángulo de 3 x 4 cm, se coloca una carga de −20 pC, y en los vértices contiguos, sendas cargas de 10 pC. Hallar el campo y el potencial en el cuarto vértice ($k_0 = 9 \cdot 10^9$ N.m^2/C^2):

a) $\overline{OA} = \sqrt{0,04^2 + 0,03^2} = 0,05$ m

$E_x = E_C - E_A \dfrac{4}{5} = 9 \cdot 10^9 \left[\dfrac{10 \cdot 10^{-12}}{0,04^2} - \dfrac{20 \cdot 10^{-12}}{0,05^2} \dfrac{4}{5} \right] = -1,35$ N/C

$E_y = E_A \dfrac{3}{5} - E_B = 9 \cdot 10^9 \left[\dfrac{20 \cdot 10^{-12}}{0,05^2} \dfrac{3}{5} - \dfrac{10 \cdot 10^{-12}}{0,03^2} \right] = -56,8$ N/C

$|\vec{E}_0| = \sqrt{E_x^2 + E_y^2} = \sqrt{1,35^2 + 56,8^2} = 56,81$ N/C

$\cos \alpha = \dfrac{-1,35}{56,81} = -0,0237 \,;\, \alpha = 88,63°$

$\cos \beta = \dfrac{-56,8}{56,81} = -0,9998 \,;\, \beta = 1,07°$

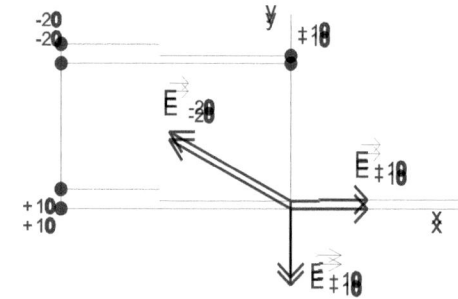

b) $V_0 = 9 \cdot 10^9 \left[\dfrac{10 \cdot 10^{-12}}{0,04} + \dfrac{10 \cdot 10^{-12}}{0,03} - \dfrac{10 \cdot 10^{-12}}{0,05} \right] = 1,65$ V

12.12. Calcular el valor del campo eléctrico creado por un anillo de 10 cm de radio situado en el vacío ($k_0 = 9 \cdot 10^9$ N m^2/C^2), en un punto que diste 50 cm sobre la perpendicular que pasa por el centro del anillo si su densidad lineal de carga es de 6 µC/m.

$$V_P = \int k_0 \frac{\lambda \, dl}{r} = k_0 \frac{\lambda \, 2\pi R}{r} = \frac{2\pi k_0 \lambda R}{\sqrt{R^2 + z^2}}$$

$$E_x = -\frac{\partial V_P}{\partial x} = 0 \; ; \; E_y = -\frac{\partial V_P}{\partial y} = 0$$

$$E_z = -\frac{\partial V_P}{\partial z} = \frac{2\pi k_0 \lambda R \, z}{\sqrt{(R^2 + z^2)^3}}$$

$$\vec{E}_P = \frac{2\pi k_0 \lambda R \, z}{\sqrt{(R^2 + z^2)^3}} \vec{k} = \frac{2\pi \, 9 \cdot 10^9 \cdot 6 \cdot 10^{-6} \cdot 0{,}1 \cdot 0{,}5}{\sqrt{(0{,}1^2 + 0{,}5^2)^3}} \vec{k}$$

$$\vec{E}_P = 12{,}8 \cdot 10^4 \, \vec{k} \; N/C$$

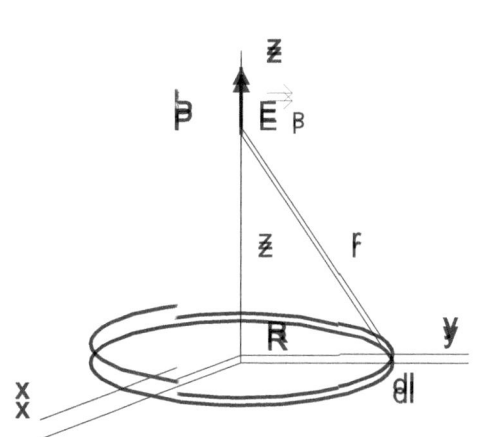

12.13. Un campo eléctrico está creado por una carga puntual de 6 µC, en un medio con constante dieléctrica relativa de 2 ($k_0 = 9 \cdot 10^9$ N m^2/C^2). Calcular la diferencia de potencial entre dos puntos situados a 5 cm y 0,20 m de dicha carga, y el trabajo que hay que realizar para desplazar una carga de 3 µC entre ambos puntos.

a) $V_A = \dfrac{k_0 \, Q}{\varepsilon' \, r_A} = \dfrac{9 \cdot 10^9 \cdot 6 \cdot 10^{-6}}{2 \cdot 0{,}05} = 54 \cdot 10^4 \, V$

$V_B = \dfrac{k_0 \, Q}{\varepsilon' \, r_B} = \dfrac{9 \cdot 10^9 \cdot 6 \cdot 10^{-6}}{2 \cdot 0{,}20} = 135 \cdot 10^3 \, V$

b) $W_A^B = Q'(V_B - V_A) = 3 \cdot 10^{-6} (13{,}5 - 54) 10^4 = -1{,}215 \, J$

12.14. Determinar la velocidad que adquiere un electrón de carga $1{,}6 \cdot 10^{-19}$ C, y masa $9{,}1 \cdot 10^{-28}$ g, cuando se desplaza entre dos puntos de 2000 V de diferencia de potencial.

$$\delta W = q \cdot dV = \frac{1}{2} mv^2 \; ; \; v = \sqrt{\frac{2q \cdot dV}{m}} = \sqrt{\frac{2 \cdot 1{,}6 \cdot 10^{-19} \cdot 2000}{9{,}1 \cdot 10^{-28} \cdot 10^{-3}}} = 2{,}65 \cdot 10^7 \, m/s$$

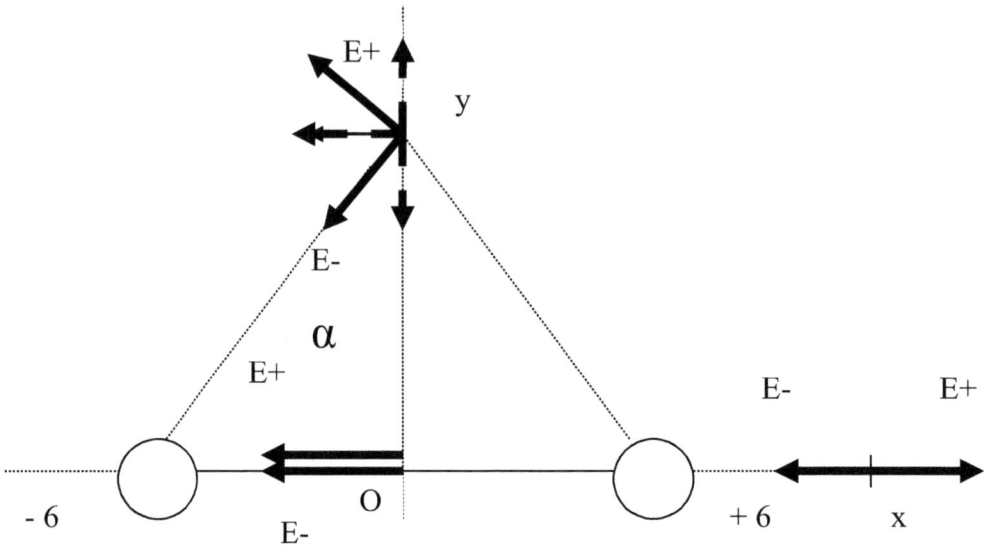

12.15. Un dipolo eléctrico formado por dos cargas de + 6 μC, y, - 6 μC, separadas por una distancia de 2 m, está situado en el vacío, tal como indica la figura. Calcular el campo eléctrico creado por dicho dipolo en los puntos: a) (0, 0), b) (2 m, 0), y c) (0, 2 m) ($k_o = 9.10^9$ Nm^2/C^2)(febrero 2004).

a) $\overrightarrow{E_{(0,0)}} = \overrightarrow{E_+} + \overrightarrow{E_-} = -2\dfrac{k_o Q}{l^2}\vec{i} = -2\dfrac{9 \cdot 10^9 \cdot 6 \cdot 10^{-6}}{1^2} = -108 \cdot 10^3\, \vec{i}\ \ \dfrac{N}{C}$

b) $\overrightarrow{E_{(2,0)}} = \overrightarrow{E_+} - \overrightarrow{E_-} = \dfrac{k_o Q}{l_+^2}\vec{i} - \dfrac{k_o Q}{l_-^2}\vec{i} = \dfrac{9 \cdot 10^9 \cdot 6 \cdot 10^{-6}}{1^2}\vec{i} - \dfrac{9 \cdot 10^9 \cdot 6 \cdot 10^{-6}}{3^2}\vec{i} = 48 \cdot 10^3\, \vec{i}\ \ \dfrac{N}{C}$

c) *Las componentes según el eje y son iguales y opuestas por lo que la resultante corresponderá solo a la suma de las componentes según la dirección del eje x.*

$\vec{E}_{x(0,2)} = -2\dfrac{k_o Q}{l^2}\,\mathrm{sen}\,\alpha\,\vec{i} = -2\dfrac{9 \cdot 10^9 \cdot 6 \cdot 10^{-6}}{\left(\sqrt{1^2 + 2^2}\right)^2}\dfrac{0,5}{\sqrt{1+0,5^2}} = -9,66 \cdot 10^3\, \vec{i}\ \ \dfrac{N}{C}$

$$\vec{E}_{y(0,2)} = \vec{E_+} - \vec{E_-} = \frac{k_0 Q}{\left(\sqrt{1^2+2^2}\right)^2} \cos\alpha\,\vec{j} - \frac{k_o Q}{\left(\sqrt{1^2+2^2}\right)^2} \cos\alpha\,\vec{j} = 0$$

12.16. Calcular el valor del campo y del potencial electrostático creado por un dipolo situado sobre el eje x, de ± 6 μC de carga, separadas por un distancia de un metro en un punto situado a 2 m sobre la perpendicular al dipolo que pasa por la carga positiva ($k_o = 9 \cdot 10^9$ Nm^2/C^2).

a) $V = k_0 \left(\dfrac{Q_1}{r_1} - \dfrac{Q_2}{r_2} \right) = 9 \cdot 10^9 \left(\dfrac{6 \cdot 10^{-6}}{2} - \dfrac{6 \cdot 10^{-6}}{\sqrt{2^2+1^2}} \right) = 2{,}85 \cdot 10^3\ V$

b) $E_x = E_- \cos\theta = k_0 \dfrac{Q_2}{r_2^2} \dfrac{r}{r_2} = 9 \cdot 10^9 \dfrac{6 \cdot 10^{-6} \cdot 1}{(2^2+1^2)^{3/2}} = 4{,}83 \cdot 10^3\ N/C$

$E_y = E_+ - E_- \mathrm{sen}\,\theta = k_0 \left(\dfrac{Q_1}{r_1^2} - \dfrac{Q_2}{r_2^2} \dfrac{r_1}{\sqrt{r_1^2+r_2^2}} \right) = 9 \cdot 10^9 \left(\dfrac{6 \cdot 10^{-6}}{2^2} - \dfrac{6 \cdot 10^{-6}}{(2^2+1^2)} \dfrac{2}{\sqrt{1^2+2^2}} \right) = 3{,}84 \cdot 10^3\ N/C$

$\vec{E}(N/C) = 4{,}83 \cdot 10^3\,\vec{i} + 3{,}84 \cdot 10^3\,\vec{j}$

12.17. Calcular el potencial de un punto que se encuentra a 10 cm del centro de una esfera de 1 cm de radio cuando se conoce: a) La densidad superficial de carga que es de 10^{-11} C/cm^2. b) El potencial de la esfera, que es de 300 V. Calcular el valor de la intensidad del campo en dichos puntos ($\varepsilon_o = 8{,}85 \cdot 10^{-12}$ C^2/N.m^2).

a) $E_\sigma = \dfrac{\sigma a^2}{\varepsilon_0 r^2} = \dfrac{10^{-11} \cdot 10^4 \cdot 1^2}{8{,}85 \cdot 10^{-12} \cdot 10^2} = 113\ N/C$

$V_\sigma = \dfrac{\sigma a^2}{\varepsilon_0 r} = \dfrac{10^{-11} \cdot 10^4 \cdot 10^{-4}}{8{,}85 \cdot 10^{-12} \cdot 0{,}1} = 11{,}3\ V$

b) $V_a = \dfrac{Q}{4\pi\varepsilon_0 a}\,;\ Q = 4\pi\varepsilon_0 a V_a\,;\ V_{10} = \dfrac{Q}{4\pi\varepsilon_0 r} = \dfrac{a}{r} V_a = \dfrac{0{,}01}{0{,}1} 300 = 30\ V$

$E_{10} = \dfrac{V_{10}}{r} = \dfrac{30}{0{,}1} = 300\ N/C$

12.18. Una esfera dieléctrica ($\varepsilon_r = 1{,}5$, $\varepsilon_o = 8{,}85 \cdot 10^{-12}$ C^2/N.m^2), tiene 10 cm de radio y una densidad en volumen de carga de 4 μC/cm^3. Calcular el campo y el potencial: a) En un punto interior a 5 cm de su centro. b) Sobre la superficie de la esfera. c) A 20 cm de su centro.

a) $\vec{E}_{20} \equiv \dfrac{\rho}{3\varepsilon_0} \dfrac{a^3}{r^2} \vec{u}_r = \dfrac{4\cdot 10^{-6}\cdot 10^6 \cdot 0{,}1^3}{3\cdot 8{,}85\cdot 10^{-12}\cdot 0{,}2^2} \vec{u}_r = 3{,}76\cdot 10^9\, \vec{u}_r\ N/C$

$V_{20} \equiv \dfrac{\rho}{3\varepsilon_0} \dfrac{a^3}{r} = \dfrac{4\cdot 10^{-6}\cdot 10^6 \cdot 0{,}10^3}{3\cdot 8{,}85\cdot 10^{-12}\cdot 0{,}20} = 0{,}753\cdot 10^9\ V$

b) $\vec{E}_{10e} \equiv \dfrac{\rho}{3\varepsilon_0} a\, \vec{u}_r = \dfrac{4\cdot 10^{-6}\cdot 10^6 \cdot 0{,}10}{3\cdot 8{,}85\cdot 10^{-12}} \vec{u}_r = 15{,}06\cdot 10^9\, \vec{u}_r\ N/C$

$\vec{E}_{10i} \equiv \dfrac{\rho}{3\varepsilon_r\varepsilon_0} a\, \vec{u}_r = \dfrac{E_{10e}}{\varepsilon_r}\vec{u}_r = \dfrac{15{,}06\cdot 10^9}{1{,}5}\vec{u}_r = 10{,}04\cdot 10^9\, \vec{u}_r\ N/C$

$V_{10} \equiv \dfrac{\rho}{3\varepsilon_0} a^2 = \dfrac{4\cdot 10^{-6}\cdot 10^6 \cdot 0{,}10^2}{3\cdot 8{,}85\cdot 10^{-12}} = 1{,}5\cdot 10^9\ V$

c) $\vec{E}_5 \equiv \dfrac{\rho}{3\varepsilon_r\varepsilon_0} r\, \vec{u}_r = \dfrac{4\cdot 10^{-6}\cdot 10^6 \cdot 0{,}05}{3\cdot 1{,}5\cdot 8{,}85\cdot 10^{-12}} \vec{u}_r = 5\cdot 10^9\, \vec{u}_r\ N/C$

$V_5 = \dfrac{\rho}{3\varepsilon_0}\left[a^2 + \dfrac{a^2 - r^2}{2\varepsilon_r}\right] = \dfrac{4\cdot 10^{-6}\cdot 10^6}{3\cdot 8{,}85\cdot 10^{-12}}\left[0{,}10^2 - \dfrac{0{,}10^2 - 0{,}005^2}{2\cdot 1{,}5}\right] = 1{,}13\cdot 10^{10}\ V$

12.19. Una esfera aislante de mica de constante dieléctrica relativa $\varepsilon_r = 6$, y 10 cm de radio, tiene una densidad en volumen de carga de 6 $\mu C/m^3$, y está situada en el vacío ($\varepsilon_0 = 8{,}85\cdot 10^{-12}$ $C^2/N.m^2$). Calcular el campo y el potencial a 15, 10 y 5 cm de su centro.

a) $\vec{E}_{15} \equiv \dfrac{\rho}{3\varepsilon_0} \dfrac{a^3}{r^2} \vec{u}_r = \dfrac{6\cdot 10^{-6}\cdot 0{,}10^3}{3\cdot 8{,}85\cdot 10^{-12}\cdot 0{,}15^2} \vec{u}_r = 10044\, \vec{u}_r\ N/C$

$V_{15} \equiv \dfrac{\rho}{3\varepsilon_0} \dfrac{a^3}{r} = \dfrac{6\cdot 10^{-6}\cdot 0{,}10^3}{3\cdot 8{,}85\cdot 10^{-12}\cdot 0{,}15} = 1506{,}6\ V$

b) $\vec{E}_{10e} \equiv \dfrac{\rho}{3\varepsilon_0} a\, \vec{u}_r = \dfrac{6\cdot 10^{-6}\cdot 0{,}10}{3\cdot 8{,}85\cdot 10^{-12}} \vec{u}_r = 22599\, \vec{u}_r\ N/C$

$\vec{E}_{10i} \equiv \dfrac{\rho}{3\varepsilon_r\varepsilon_0} a\, \vec{u}_r = \dfrac{E_{10i}}{\varepsilon_r}\vec{u}_r = \dfrac{22599}{6}\vec{u}_r = 3766{,}5\, \vec{u}_r\ N/C$

$V_{10} \equiv \dfrac{\rho}{3\varepsilon_0} a^2 = \dfrac{6\cdot 10^{-6}\cdot 0{,}10^2}{3\cdot 8{,}85\cdot 10^{-12}} = 2260\ V$

c) $\vec{E}_5 \equiv \dfrac{\rho}{3\varepsilon_r\varepsilon_0} r\, \vec{u}_r = \dfrac{6\cdot 10^{-6}\cdot 0{,}05}{3\cdot 6\cdot 8{,}85\cdot 10^{-12}} \vec{u}_r = 1883{,}24\, \vec{u}_r\ N/C$

$$V_S \equiv \frac{\rho}{3\varepsilon_0}\left[a_2^2 + \frac{a_2^2 - r_2^2}{2\varepsilon_r}\right] = \frac{6\cdot 10^{-6}}{3\cdot 8{,}85\cdot 10^{-12}}\left[0{,}10^2 - \frac{0{,}10^2 - 0{,}05^2}{2\cdot 6}\right] = 2118{,}75\,V$$

12.20. Una partícula de 0,4 µg de masa y 2,4·10⁻¹⁸ C de carga, permanece en reposo entre dos placas paralelas, horizontales e indefinidas, cargadas con igual carga pero de distinto signo y separadas por una distancia de 2 cm. Calcular: a) La diferencia de potencial entre placas. b) El valor de la intensidad del campo eléctrico entre placas. c) La densidad superficial de carga en las placas si la constante dieléctrica relativa del medio es 6 ($\varepsilon_0 \equiv 8{,}85\cdot 10^{-12}$ C²/Nm²; g ≡ 9,8 m/s²):

a) $F_E = mg \Rightarrow \frac{V}{d}q = mg \Rightarrow V = \frac{mgd}{q} = \frac{0{,}4\cdot 10^{-9}\cdot 9{,}8\cdot 0{,}02}{2{,}4\cdot 10^{-18}} = 32{,}66\cdot 10^6\,V$

b) $\vec{E} = \frac{V}{d}\vec{k} = \frac{32{,}66\cdot 10^6}{0{,}02}\vec{k} = 1633\cdot 10^6\,V/m\,\vec{k}$

c) $\sigma = \varepsilon_0\varepsilon_r E = 8{,}85\cdot 10^{-12}\cdot 6\cdot 1633\cdot 10^6 = 0{,}0867\,C/m^2$

12.21. Calcular el valor del campo eléctrico creado por dos láminas metálicas iguales y paralelas de 10 cm² de superficie situadas en el vacío ($k_0 \equiv 9\cdot 10^9$ N m²/C²), de cargas $Q_1 \equiv 6$ µC, y $Q_2 \equiv 4$ µC, en los tres puntos indicados en la figura (A, B, C):

Punto $A: \vec{E}_A = \frac{Q_1 + Q_2}{2\varepsilon_0 S}\vec{k} = \frac{2\pi 9\cdot 10^9 (6+4)10^{-6}}{10^{-3}}\vec{k} = 565{,}48\cdot 10^6\,\vec{k}\,\frac{N}{C}$

Punto $B: \vec{E}_B = \frac{-Q_1 + Q_2}{2\varepsilon_0 S}\vec{k} = \frac{2\pi 9\cdot 10^9 (-6+4)10^{-6}}{10^{-3}}\vec{k} = -113{,}09\cdot 10^6\,\vec{k}\,\frac{N}{C}$

Punto $C: \vec{E}_C = \frac{-Q_1 - Q_2}{2\varepsilon_0 S}\vec{k} = -\frac{2\pi 9\cdot 10^9 (6+4)10^{-6}}{10^{-3}}\vec{k} = -565{,}48\cdot 10^6\,\vec{k}\,\frac{N}{C}$

12.22. Calcular la carga encerrada en un paralelepípedo de 0,4 m de lado situado en el plano xy con uno de los lados de su base siguiendo el eje y a una distancia de 0,2 m del origen de coordenadas, y el otro paralelo al eje x tal como indica la figura, si el campo electrostático sobre él varía según la expresión: $\vec{E} = (1+2y^2)\vec{j}$; considerando que está situado en el vacío ($\varepsilon_0 \equiv 8{,}85\cdot 10^{-12}$ C²/Nm²):

Dado que el campo electrostático solo tiene componente y, el cálculo de su flujo a través de todas las caras del paralelepípedo solo será distinto de cero sobre las dos caras normales al eje y:

$$\iint_s \vec{E}\cdot d\vec{s} = -\left|\vec{E}_{0,2}\right|\left|d\vec{s}_y\right|\cos 0 + \left|\vec{E}_{0,6}\right|\left|d\vec{s}_y\right|\cos 0 = \left(-\left(1+2\cdot 0,2^2\right)+\left(1+2\cdot 0,6^2\right)\right)0,4^2 = \frac{Q}{\varepsilon_0}$$

$$Q = 2\left(0,6^2 - 0,2^2\right)0,4^2 \cdot 8,85\cdot 10^{-12} = 0,9\cdot 10^{-12}\ C = 0,9\ pC$$

d=0.2

12.23. Calcular el valor del campo eléctrico que crea a una distancia de 20 cm un conductor rectilíneo con una densidad de carga de 2 μC/cm situado en el vacío ($k_0 = 9.10^9$ Nm^2/C^2). Si a la distancia de 1 m, se coloca otro conductor paralelo de igual densidad de carga, calcular la fuerza por metro que actúa sobre cada conductor indicando el sentido de la misma.

a) $\vec{E}_{0,2} = \dfrac{2k_0\lambda}{r}\vec{u}_n = \dfrac{2\cdot 9\cdot 10^9 \cdot 2\cdot 10^{-6}\cdot 10^2}{0,2}\vec{u}_n = 18\cdot 10^6\ \dfrac{N}{C}\ normal\ al\ conductor$

b) $\vec{F} = Q\vec{E}_1 = \lambda l\vec{E}_1\ ;\ \dfrac{\vec{F}}{l} = \lambda \vec{E}_1 = \lambda \dfrac{2k_0\lambda}{r} = 2\cdot 10^{-6}\cdot 10^2 \cdot 3,6\cdot 10^6 = 7,2\cdot 10^2\ \dfrac{N}{m}\ repulsiva$

12.24. Calcular el potencial de una esfera conductora cargada eléctricamente si en dos puntos situados en el vacío a distancias de su superficie de 5 y 10 cm, los potenciales son de 300 y 210 V, respectivamente.

$$V_e = \frac{\sigma\ a^2}{\varepsilon_0\ r}\ ;\ 300 = \frac{\dfrac{Q}{4\pi a^2}a^2}{\varepsilon_0(0,05+a)} = \frac{Q}{4\pi\varepsilon_0(0,05+a)}\ ;\ 210 = \frac{Q}{4\pi\varepsilon_0(0,1+a)}$$

Dividiendo ambas expresiones obtendremos:

$$\frac{300}{210} = \frac{(0,1+a)}{(0,05+a)} \Rightarrow a = \frac{6}{90}\ m\ ;\ 300 = \frac{Q}{4\pi\varepsilon_0(0,05+a)} \Rightarrow \frac{Q}{4\pi\varepsilon_0} = 300\left(0,05+\frac{6}{90}\right) = 35$$

$$V_e = \frac{Q}{4\pi\varepsilon_0\ a} = \frac{35}{\dfrac{6}{90}} = 525\ V$$

12.25. Un conductor cilíndrico de 1 mm de radio que tiene una densidad lineal de carga de 6.10^{-3} μC/m, está recubierto por un aislante de radio exterior 3 mm. Si el conductor está a 300 V, y la superficie externa del aislante a potencial 0, hallar: a) el valor de la constante dieléctrica del aislante, b) el campo y el potencial en un punto situado en el interior del aislante a 1,8 mm de distancia del conductor.

a) $-\int_{V_c}^{V_a} dV = \int_c^a \vec{E}\cdot d\vec{r} = \int_c^a \dfrac{\lambda}{2\pi\varepsilon r}dr \Rightarrow 300 - 0 = \dfrac{6\cdot 10^{-3}\cdot 10^{-6}}{2\pi\varepsilon}\ln\dfrac{3}{1} \Rightarrow \varepsilon = \dfrac{6\cdot 10^{-9}}{2\pi\cdot 300}\ln 3 = 3,5\cdot 10^{-12}\ \dfrac{C^2}{Nm^2}$

b)

$\vec{E} = \dfrac{\lambda}{2\pi\varepsilon d}\vec{u}_r = \dfrac{6\cdot 10^{-3}\cdot 10^{-6}}{2\pi\cdot 3,5\cdot 10^{-12}\cdot 2,8\cdot 10^{-3}} = 97,44\cdot 10^3\ N/C\ ;\ 300 - V_d = 272,8\ln\dfrac{1,8}{1} \Rightarrow V_d = 139,6\ V$

12.26 Una esfera situada en el vacío, tiene una densidad superficial de carga de $8,85 \cdot 10^{-8}$ C/m^2. Calcular el radio de dicha esfera sabiendo que a 2 m de su superficie el campo creado por ella es de 3600 N/C ($\varepsilon_0 = 8,85 \cdot 10^{-12} \; C^2/Nm^2$) (Septiembre 2009).

$$E \cdot 4\pi (r+2)^2 = \frac{Q}{\varepsilon_0} = \frac{\sigma \cdot 4\pi r^2}{\varepsilon_0} \Rightarrow 3600(r+2)^2 = \frac{8,85 \cdot 10^{-8} \cdot r^2}{8,85 \cdot 10^{-12}} = 10^4 \cdot r^2$$

$$(10^4 - 3600)r^2 - 4 \cdot 3600 \cdot r - 4 \cdot 3600 = 0 \Rightarrow r^2 - \frac{4 \cdot 0,36}{0,64} \cdot r - \frac{4 \cdot 0,36}{0,64} = 0 \Rightarrow r = 3 \; m$$

Se desprecia la solución: r = - 0,75 m, por ser imposible

12.27. Calcular la energía asociada a un sistema de cuatro cargas puntuales de 6 μC cada una de ellas, situadas en el vacío sobre los vértices de un cuadrado de 2 m de lado (k=$9 \cdot 10^9$ N.m^2/C^2).

$$V_i = k_0 \left(2\frac{Q}{l} + \frac{Q}{\sqrt{l^2 + l^2}} \right) = k_0 \frac{Q}{l} \left(2 + \frac{1}{\sqrt{2}} \right) = \frac{9 \cdot 10^9 \cdot 6 \cdot 10^{-6} (2\sqrt{2}+1)}{2\sqrt{2}} = 73,09 \cdot 10^3 \; V$$

$$W = \frac{1}{2}(Q_1 V_1 + Q_2 V_2 + Q_3 V_3 + Q_4 V_4) = \frac{1}{2} 4 Q V = \frac{1}{2} \cdot 4 \cdot 6 \cdot 10^{-6} \cdot 73,09 \cdot 10^3 = 0,8771 \; J$$

12.28. Dos cargas puntuales de 1 y 3 μC, se encuentran situadas en el vacío (k$_0$= $9 \cdot 10^9$ N.m^2/C^2). Calcular el valor de la energía cuando se encuentran situadas a 2, 5, y 10 cm, considerando que ambas cargas tienen el mismo signo, y cuando tienen signos contrarios.

a) $W_{12} = \frac{1}{2} \left[Q_1 \frac{k_0 Q_2}{r} + Q_2 \frac{k_0 Q_1}{r} \right] = \frac{k_0 Q_1 Q_2}{r}$

$$W_2 = \frac{9 \cdot 10^9 \cdot 1 \cdot 10^{-6} \cdot 3 \cdot 10^{-6}}{2 \cdot 10^{-2}} = 1,35 \; J$$

$$W_5 = \frac{9 \cdot 10^9 \cdot 1 \cdot 10^6 \cdot 3 \cdot 10^{-6}}{5 \cdot 10^{-2}} = 0,54 \; J$$

$$W_{10} = \frac{9 \cdot 10^9 \cdot 1 \cdot 10^{-6} \cdot 3 \cdot 10^{-6}}{10 \cdot 10^{-2}} = 0,27 \; J$$

b) *Cuando tienen signos contrarios la carga o el potencial del punto serán negativos:*

$$W_{12} = \left[-Q_1 \frac{k_0 Q}{r} + Q_2 \frac{-k_0 Q_1}{r} \right] = -\frac{k_0 Q_1 Q_2}{r}$$

$$W_2 = -\frac{9 \cdot 10^9 \cdot 1 \cdot 10^{-6} \cdot 3 \cdot 10^{-6}}{2 \cdot 10^{-2}} = -1,35 \; J$$

$$W_5 = -\frac{9 \cdot 10^9 \cdot 1 \cdot 10^{-6} \cdot 3 \cdot 10^{-6}}{5 \cdot 10^{-2}} = -0,54 \; J$$

$$W_{10} = -\frac{9 \cdot 10^9 \cdot 1 \cdot 10^{-6} \cdot 3 \cdot 10^{-6}}{10 \cdot 10^{-2}} = -0,27 \; J$$

12.29: Una carga puntual de 2 μC se encuentra situada en el vacío, a la distancia de 4 cm de un hilo indefinido con una densidad de carga λ. Para desplazar la carga hasta una distancia de 2 cm del hilo hay que realizar un trabajo de 0,5·10⁻⁷ J. Calcular la densidad lineal de carga (λ) del hilo (k_0 = 9·10⁹ Nm²/C²):

$$W_2^4 \equiv -\int_2^4 q\vec{E}\cdot\vec{dr} = -\int_2^4 q\frac{\lambda dr}{2\pi\varepsilon_0 r} = -\int_2^4 q\frac{2k_0\lambda dr}{r} = q2k_0\lambda \ln\frac{4}{2}$$

$$\lambda = \frac{W_2^4}{q2k_0 \ln\frac{4}{2}} = \frac{0,5\cdot10^{-7}}{2\cdot10^{-6}\cdot2\cdot9\cdot10^9 \ln 2} = 0,02\cdot10^{-8}\frac{C}{m} = 0,2\frac{nC}{m}$$

12.30: Cuanto vale la energía electrostática de una esfera conductora de 1cm de diámetro situada en el vacío con una densidad superficial de carga de 2 μC/m². ¿Si acercamos otra esfera de iguales características desde el infinito hasta un metro de distancia de la primera esfera, cual sería entonces la energía electrostática del conjunto? (k_0= 9·10⁹ Nm²/C²):

a) $W = \frac{1}{2}QV = \frac{Q^2}{8\pi\varepsilon_0 r} = k_0\frac{(4\pi r^2\sigma)^2}{2r} = 9\cdot10^9\frac{(4\pi\cdot0,5^2\cdot10^{-4}\cdot2\cdot10^{-6})^2}{2\cdot0,5\cdot10^{-2}} = 0,355\cdot10^{-8}\ J$

b) Como las esferas son iguales:

$W_{total} = 2\frac{1}{2}QV = 4\pi r^2\sigma\frac{\sigma a^2}{\varepsilon_0 r} = k_0 r(4\pi\sigma a)^2 = 9\cdot10^9\cdot0,5\cdot10^{-2}(4\pi\cdot2\cdot10^{-6}\cdot1)^2 = 28,4\cdot10^{-3}\ J$

12.31: La intensidad del campo eléctrico entre dos placas paralelos con igual carga y de distinto signo, es de 10000 V/cm. Calcular: a) la presión electrostática sobre cada plano; b) la densidad superficial de carga si entre planos, se ha hecho el vacío. c) cual será el valor de la densidad de energía, si se introduce entre placas un medio de 1,7 de constante dieléctrica relativa (ε_0= 8,85·10⁻¹² C²/Nm²):

a) $p_0 = \frac{\sigma^2}{2\varepsilon_0} = \frac{\varepsilon_0 E_0^2}{2} = \frac{8,85\cdot10^{-12}\cdot10^8\cdot10^4}{2} = 4,425\ Pa(N/m^2)$

b) $\sigma = \varepsilon_0 E_0 = 8,85\cdot10^{-12}\cdot10^4\cdot10^2 = 8,85\cdot10^{-6}\ C/m^2 = 8,85\ \mu C/m^2$

c) $\frac{\delta W}{d\tau} = \frac{\varepsilon E^2}{2} = \frac{\varepsilon\sigma^2}{2\varepsilon^2} = \frac{\sigma^2}{2\varepsilon'\varepsilon_0} = \frac{(8,85\cdot10^{-6})^2}{2\cdot1,7\cdot8,85\cdot10^{-12}} = 2,60\ J/m^3$

12.32: Un condensador plano está formado por dos placas metálicas de 10 x 10 cm de superficie, separadas por una lámina de mica de constante dieléctrica relativa ε'= 1,8, y 10 mm de espesor. Calcular: a) La capacidad de dicho condensador, y la carga que adquiere cuando se conecta a una tensión de 200 V. Con la placa positiva, se construye un cilindro y se introduce en un cilindro metálico de igual longitud y 2 cm de radio, conectado a tierra. Calcular : b) La capacidad del condensador así construido y el potencial de la placa positiva suponiendo que entre ambas se ha hecho el vacío ($\varepsilon_0 = 8{,}85 \cdot 10^{-12}$ C²/N.m²).

a) $C = \dfrac{\varepsilon_r \varepsilon_0 S}{d} = \dfrac{1{,}8 \cdot 8{,}85 \cdot 10^{-12} \cdot 0{,}1 \cdot 0{,}1}{0{,}01} = 15{,}93 \cdot 10^{-12}\, F = 15{,}93\, pF$

$Q = CV = 15{,}93 \cdot 10^{-12} \cdot 200 = 3186\, pC = 3{,}186\, nC$ *(nanoculombios)*

b) $C = \dfrac{2\pi \varepsilon_0 L}{\ln \dfrac{r_2}{r_1}} = \dfrac{2\pi \cdot 8{,}85 \cdot 10^{-12} \cdot 0{,}1}{\ln \dfrac{0{,}02}{0{,}1 \cdot 0{,}1}} \cdot 2\pi \cdot 0{,}1 = 24{,}24 \cdot 10^{-12}\, F = 24{,}24\, pF$

$V = \dfrac{Q}{C} = \dfrac{3186 \cdot 10^{-12}}{24{,}24 \cdot 10^{-12}} = 131{,}44\, V$

12.33. Un condensador plano tiene una separación entre placas de 0,4 cm. y 202 cm² de superficie. Calcular: a) La capacidad si entre placas se hace el vacío ($\varepsilon_0 = 8{,}85 \cdot 10^{-12}$ C²/N.m²). b) Si se conecta a una fuente de 500 V, hallar la carga, la energía y la intensidad del campo eléctrico en el condensador. c) Si entre placas se introduce mica, de constante dieléctrica relativa $\varepsilon_r = 6$, la carga y energía adicional que adquiere (Febrero 1993).

a) $C = \varepsilon_0 \dfrac{S}{d} = 8{,}85 \cdot 10^{-12} \dfrac{202 \cdot 10^{-4}}{4 \cdot 10^{-3}} = 44{,}7 \cdot 10^{-12}\, F = 44{,}7\, pF$

b) $Q = CV = 44{,}7 \cdot 10^{-12} \cdot 500 = 2{,}24 \cdot 10^{-8}\, C$

$W = \dfrac{1}{2} QV = \dfrac{1}{2} 2{,}24 \cdot 10^{-8} \cdot 500 = 5{,}6 \cdot 10^{-6}\, J$

$\vec{E} = \dfrac{V}{d} \vec{u}_n = \dfrac{500}{4 \cdot 10^{-3}} \vec{u}_n = 1{,}25 \cdot 10^{5}\, \vec{u}_n\, N/C$

c) $Q' = (\varepsilon_r - 1)\varepsilon_0 \dfrac{S}{d} V = (6-1) 2{,}24 \cdot 10^{-8} = 11{,}2 \cdot 10^{-8}\, C$

$W' = (\varepsilon_r - 1) W = (6-1) 5{,}6 \cdot 10^{-6} = 28 \cdot 10^{-6}\, J$

12.34. Dos condensadores de 3 y 6 pF, se conectan en serie a una fuente de 1000 V. Hallar la capacidad equivalente de dicha asociación, la carga total e individual de cada condensador y la diferencia de potencial entre placas para ambos condensadores.

a) $\dfrac{1}{C} = \dfrac{1}{C_1} + \dfrac{1}{C_2}$; $C = \dfrac{C_1 C_2}{C_1 + C_2} = \dfrac{3 \cdot 6}{3+6} = 2\, pF$

b) $Q_T = Q_1 = Q_2 = CV = 2 \cdot 10^{-12} \cdot 10^{3} = 2 \cdot 10^{-9}\, C$

c) $V_1 = \dfrac{Q_1}{C_1} = \dfrac{2 \cdot 10^{-9}}{3 \cdot 10^{-12}} = \dfrac{2}{3} 1000\, V$; $V_2 = \dfrac{Q_2}{C_2} = \dfrac{2 \cdot 10^{-9}}{6 \cdot 10^{-12}} = \dfrac{1}{3} 1000\, V$; $V_1 + V_2 = 1000\, V$

12.35. Calcular la capacidad equivalente de una asociación en serie de tres condensadores de 3, 6 y 9 pF de capacidad, conectados a una fuente de 1000 V de tensión. Calcular además la carga total del conjunto e individual de cada condensador, así como la diferencia de potencial entre sus bornes.

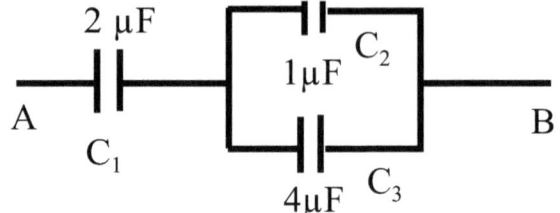

a) $\dfrac{1}{C} = \dfrac{1}{3} + \dfrac{1}{6} + \dfrac{1}{9} = \dfrac{11}{18} ; C = \dfrac{18}{11} = 1,63\ pF$

b) $Q_T = Q_1 = Q_2 = Q_3 = CV = 1,63 \cdot 10^{-12} \cdot 1000 = 1,63 \cdot 10^{-9}\ C$

c) $V_1 = \dfrac{Q_1}{C_1} = \dfrac{1,63 \cdot 10^{-9}}{3 \cdot 10^{-12}} = 545,45\ V$

$V_2 = \dfrac{Q_2}{C_2} = \dfrac{1,63 \cdot 10^{-9}}{6 \cdot 10^{-12}} = 272,72\ V$

$V_3 = \dfrac{Q_3}{C_3} = \dfrac{1,63 \cdot 10^{-9}}{9 \cdot 10^{-12}} = 181,81\ V$

12.36. Dos condensadores de capacidades 3 y 6 μF, se conectan en serie, y el conjunto se conecta a una fuente de tensión de 1000 V. Calcular: a) La capacidad equivalente de la asociación. b) La carga total del conjunto y la de cada condensador. c) La diferencia de potencial entre placas de cada condensador. d) La energía almacenada por la asociación.

a)
$\dfrac{1}{C} = \dfrac{1}{C_1} + \dfrac{1}{C_2} ; C = \dfrac{C_1 C_2}{C_1 + C_2} = \dfrac{3 \cdot 6}{3+6} = 2\ \mu F$

b) $Q_T = Q_1 = Q_2 = CV = 2 \cdot 10^{-6} \cdot 10^3 = 2 \cdot 10^{-3}\ C$

c) $V_1 = \dfrac{Q_1}{C_1} = \dfrac{2 \cdot 10^{-3}}{3 \cdot 10^{-6}} = 666,\widehat{6}\ V\ ; V_2 = \dfrac{Q_2}{C_2} = \dfrac{2 \cdot 10^{-3}}{6 \cdot 10^{-6}} = 333,\widehat{3}\ V$

d) $W = \dfrac{1}{2} QV = \dfrac{1}{2} 2 \cdot 10^{-3} \cdot 10^3 = 1\ J$

o también:

$W = \dfrac{1}{2} CV^2 = \dfrac{1}{2} 2 \cdot 10^{-6} (10^3)^2 = 1\ J$

12.37. Tres condensadores de 6 μF, 2 μF y 5000 cm de capacidad, se conectan en serie entre sí estableciendo entre sus armaduras extremas una diferencia de potencial de 10000 V. Calcular: a) Su capacidad total. b) La carga de cada condensador. c) La diferencia de potencial entre los extremos de cada condensador ($k_o = 9 \cdot 10^9$ Nm^2/C^2).

a) $1F = \dfrac{1C}{1V} = \dfrac{3 \cdot 10^9 \, u.e.s.q.}{\dfrac{1}{300} u.e.s.v.} = 9 \cdot 10^{11} \, cm;$

$\dfrac{1}{C_T} = \dfrac{1}{C_1} + \dfrac{1}{C_2} + \dfrac{1}{C_3} = \dfrac{1}{6 \cdot 10^{-6}} + \dfrac{1}{2 \cdot 10^{-6}} + \dfrac{1}{\dfrac{5000}{9 \cdot 10^{11}}} \Rightarrow C_T = 5,535 \cdot 10^{-9} \, F$

b) $Q_1 = Q_2 = Q_3 = 10000 \cdot 5,535 \cdot 10^{-9} = 55,35 \cdot 10^{-6} \, C$

c) $V_1 - V_2 = \dfrac{Q}{C_1} = 9,225 \, V \; ; V_2 - V_3 = \dfrac{Q}{C_2} = 27,675 \, V \; ; V_3 - V_4 = \dfrac{Q}{C_3} = 9963 \, V$

12.38. De la asociación de condensadores de la figura que está conectada a una diferencia de potencial de 220 V (V_A - V_B), calcular: a) La capacidad equivalente de la asociación. b) La diferencia de potencial entre los extremos de cada condensador. c) La carga de cada condensador.

a) $C_{23} = 4 + 1 = 5$ μF

$C_{123} = \dfrac{C_{23} C_1}{C_{23} + C_1} = \dfrac{10}{7} = 1,43 \, \mu F$

b) *Por estar en serie*:

$Q_1 = Q_2 + Q_3 = Q_{123} = C_{123} (V_A - V_B) = 1,43 \cdot 220 = 314,6$ μC

$V_1 = \dfrac{Q_1}{C_1} = \dfrac{314,6 \cdot 10^{-6}}{2 \cdot 10^{-6}} = 157,3 \, V \; ; V_2 = V_3 = \dfrac{Q_2 + Q_3}{C_{23}} = \dfrac{314,6 \cdot 10^{-6}}{5 \cdot 10^{-6}} = 62,7 \, V$

c) $Q_1 = 314,6$ μC ; $Q_2 = C_2 V_2 = 1 \cdot 62,7 = 62,7$ μC ; $Q_3 = C_3 V_3 = 4 \cdot 62,7 = 250,9$ μC

12.39. Determinar la capacidad de un condensador plano formado por dos placas de 250 cm^2 de superficie separadas por un dieléctrico de mica de 1,2 mm de espesor y 6 de constante dieléctrica relativa. Calcular la carga que adquiere si se conecta a 200 V, y el valor del campo entre placas ($\varepsilon_0 = 8,85 \cdot 10^{-12}$ C^2/N m^2).

a) $C = \dfrac{\varepsilon S}{d} = \dfrac{\varepsilon' \varepsilon_0 S}{d} = \dfrac{6 \cdot 8,85 \cdot 10^{-12} \cdot 250 \cdot 10^{-4}}{1,2 \cdot 10^{-3}} = 1106,25 \cdot 10^{-12} \, F = 1106,25 \, pF$

b) $Q = CV = 1106,25 \cdot 10^{-12} \cdot 200 = 2,2125 \cdot 10^{-7} \, C = 0,22 \, \mu C$

c) $E = \dfrac{\sigma}{\varepsilon} = \dfrac{Q}{\varepsilon' \varepsilon_0 S} = \dfrac{V}{d} = \dfrac{200}{1,2 \cdot 10^{-3}} = 1,6 \cdot 10^{5} \, \dfrac{N}{C}$

12.40. Tres condensadores iguales de 6 μF de capacidad se conectan dos de ellos en paralelo entre sí, y el conjunto en serie con el tercero. Entre los extremos del conjunto así formado se aplica una diferencia de potencial de 1000 V. Calcular: a) La capacidad del conjunto. b) La carga de cada condensador. c) La energía eléctrica almacenada en cada condensador y en el conjunto.

a) $C_p = C_1 + C_2 = 6 + 6 = 12 \, \mu F \, ; \, \dfrac{1}{C_T} = \dfrac{1}{C_p} + \dfrac{1}{C_3} \, ; \, C_T = \dfrac{12 \cdot 6}{12 + 6} = 4 \, \mu F$

b) $Q_T = Q_3 = Q_p = (Q_1 + Q_2) = C_T V = 4 \cdot 10^{-6} \cdot 1000 = 4000 \, \mu C$

Al ser iguales los condensadores: $Q_1 = Q_2 = \dfrac{4000}{2} = 2000 \, \mu C$

c) $W_1 = W_2 = \dfrac{1}{2} C_1 V_1^2 = \dfrac{1}{2} C_1 \dfrac{Q_1^2}{C_1^2} = \dfrac{1}{2} 6 \cdot 10^{-6} \dfrac{2000^2}{6^2} = 0,\widehat{3} \, J$

$W_3 = \dfrac{1}{2} C_3 V_3^2 = \dfrac{1}{2} C_3 \dfrac{Q_3^2}{C_3^2} = \dfrac{1}{2} 6 \cdot 10^{-6} \cdot \dfrac{4000^2}{6^2} = 1,\widehat{3} \, J$

$W_T = \dfrac{1}{2} C_T V^2 = \dfrac{1}{2} 4 \cdot 10^{-6} \cdot 1000^2 = 2 \, J$

12.41. Cuatro condensadores $C_1 = 10$ pF, $C_2 = 60$ cm, $C_3 = 20$ pF y $C_4 = 200$ cm, están conectados como indica la figura, se unen a una pila de 12 V. Calcular: a) la capacidad total de la asociación de condensadores. b) la carga total del conjunto. c) la carga que adquiere cada uno de ellos ($k_0 = 9 \cdot 10^9 \, Nm^2/C^2$):

a) $C_T = C_1 + \dfrac{C_2 \cdot C_3}{C_2 + C_3} + C_4 = 10 + \dfrac{\dfrac{600}{9} \cdot 20}{\dfrac{600}{9} + 20} + \dfrac{2000}{9} = 247,6 \, pF = 247,6 \cdot 10^{-12} \, F$

b) $Q_T = V C_T = 12 \cdot 247,6 \cdot 10^{-12} = 2971,2 \cdot 10^{-12} \, C = 2971,2 \, pC$

c) $Q_1 = V C_1 = 12 \cdot 10 \cdot 10^{-12} = 120 \cdot 10^{-12} \, C \, ; \, Q_4 = V C_4 = 12 \cdot 222,\widehat{2} \cdot 10^{-12} = 2666,\widehat{6} \cdot 10^{-12} \, C$

$$Q_2 = Q_3 = V \frac{C_2 \cdot C_3}{2(C_2 + C_3)} = 12 \frac{66,6 \cdot 20}{2(66,6 + 20)} 10^{-12} = 184,6 \cdot 10^{-12} C$$

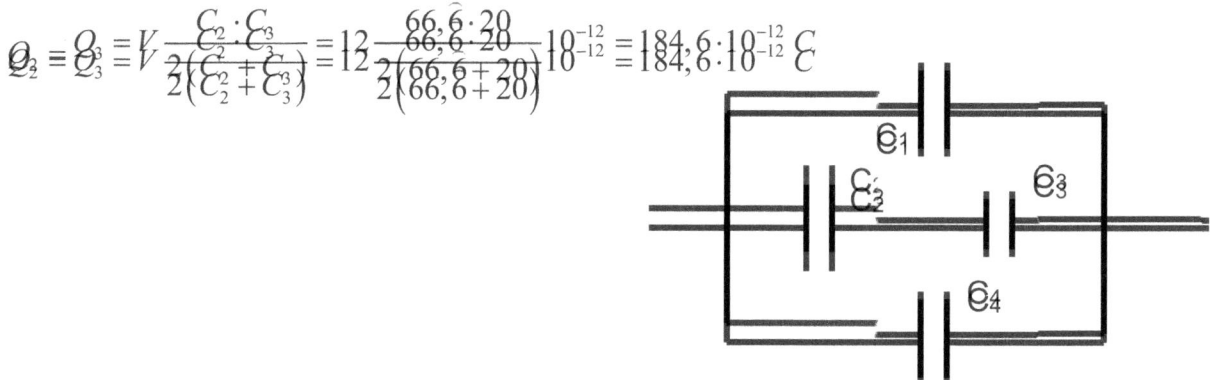

12.42. Calcular la capacidad de un condensador formado por dos láminas de aluminio de 157 cm de longitud y 90 mm de anchura separadas por un papel parafinado de 0,10 mm de espesor y constante dieléctrica relativa igual a 2. Si se carga a 400 V, cuál será el valor de la energía almacenada ($\varepsilon_o = 8,85 \cdot 10^{-12}$ C^2/Nm^2).

a) $C = \frac{\varepsilon_o \varepsilon S}{d} = \frac{8,85 \cdot 10^{-12} \cdot 2 \cdot 1,57 \cdot 90 \cdot 10^{-3}}{0,10 \cdot 10^{-3}} = 25 \cdot 10^{-9} F = 25 \cdot 10^{-3} \mu F$

b) $W = \frac{1}{2} CV^2 = \frac{1}{2} 25 \cdot 10^{-3} \cdot 10^{-6} \cdot 400^2 = 2 \cdot 10^{-3} J$

12.43. La energía de dos condensadores en paralelo es de $9 \cdot 10^{-4}$ J cuando la diferencia de potencial es de 5000 V. Si los dos condensadores se asocian en serie, y se aplica a las armaduras externas la diferencia de potencial anterior, la energía es de $2 \cdot 10^{-4}$ J. Calcular la capacidad de los condensadores.

$E_1 = \frac{1}{2}(C_1 + C_2)V^2 \Rightarrow C_1 + C_2 = \frac{2E_1}{V^2}$; $E_2 = \frac{1}{2}\frac{C_1 \cdot C_2}{C_1 + C_2}V^2 \Rightarrow C_1 \cdot C_2 = \frac{2E_2(C_1 + C_2)}{V^2} = \frac{4E_1 \cdot E_2}{V^4}$

Resolviendo el sistema se obtiene la ecuacion de segundo grado:

$$C_1^2 - 2\frac{E_1}{V^2}C_1 + \frac{4E_1 \cdot E_2}{V^4} = 0;$$

$$C_1 = \frac{E_1}{V^2} \pm \frac{\sqrt{E_1(E_1 - 4E_2)}}{V^2} = \frac{9 \cdot 10^{-4}}{(5 \cdot 10^3)^2} \pm \frac{\sqrt{9 \cdot 10^{-4}(9 \cdot 10^{-4} - 4 \cdot 2 \cdot 10^{-4})}}{(5 \cdot 10^3)^2}$$

$C_1 = 48 \cdot 10^{-12} F$; $C_2 = 24 \cdot 10^{-12} F$

13. PROBLEMAS PROPUESTOS:

13.1. ¿Con qué fuerza actuarán mutuamente dos cargas puntuales de un culombio, situadas a una distancia de 1 km la una de la otra?

13.2 Encuentre la fuerza eléctrica de repulsión que hay entre los dos protones de una molécula de hidrógeno. Su separación es de $0,74 \cdot 10^{-10}$ m. Compare la fuerza eléctrica con su atracción gravitatoria (Carga eléctrica del protón: $1,60 \cdot 10^{-19}$ culombios, y masa: $1,67 \cdot 10^{-27}$ kg).

13.3. Dos cargas, una de las cuales es tres veces mayor que la otra, distan en el vacío 0,30 m, actúan recíprocamente con una fuerza de 30 N. Determinar el valor de estas cargas.

13.4. Una pequeña bola conductora que tiene una carga de $4,8 \cdot 10^{-11}$ C, se pone en contacto con otra bola idéntica sin carga. ¿Cuántos electrones quedaron en la primera bola? ¿Qué carga recibió la segunda? ¿Cuál será la fuerza de interacción eléctrica si las bolas se colocan en el vacío distando 2,4 cm una de la otra? (Carga del electrón = $-1,6 \times 10^{-19}$ C)

13.5. Dos cargas puntuales, $2 \cdot 10^{-7}$ C y $3 \cdot 10^{-7}$ C, están separadas 0,1 m. Calcule el campo eléctrico resultante y el potencial, a) en el punto medio entre ellas, b) en un punto que está a 0,04 m de la primera y sobre la línea entre ellas, c) en un punto que está a 0,04 m de la primera, en la línea que las une, pero fuera de ellas, d) en un punto que está a 0,1 m de cada una. e) ¿En qué puntos el campo eléctrico es igual a cero?

13.6. Tres cargas positivas iguales, de 6 μC, están situadas en los vértices de un triángulo equilátero de 4 cm de lado. Encontrar la intensidad del campo eléctrico en el centro de la circunferencia inscrita en ese triángulo.

13.7. El potencial eléctrico a una cierta distancia de una carga puntual es de 600 V, y el campo eléctrico de 200 N C-1. Calcule: a) la distancia a la carga puntual. b) La magnitud de la carga.

13.8. ¿Cuál será la intensidad del campo eléctrico en la superficie de un conductor, si la densidad de la carga superficial es de 6 μC/cm², y se encuentra situado en el vacío?

13.9. Hallar la intensidad del campo eléctrico dentro y fuera de un cilindro infinitamente largo, cargado con una densidad volumétrica igual a ρ, siendo R el radio del cilindro.

13.10. Todo el espacio entre dos láminas paralelas infinitas está ocupado por una carga de densidad volumétrica constante igual a 10 μC/cm³. La distancia entre las láminas es de 1 cm. Encontrar la intensidad del campo eléctrico en función de la distancia considerada a partir del centro de las láminas.

13.11. Al comunicarle a un conductor la carga de 0,008 C, su potencial resulta ser de 1000 V. Definir la capacidad eléctrica del conductor.

13.12. Dos placas metálicas paralelas y cargadas con cargas de + 6 μC y - 4μC, están separadas 7 mm. El espacio entre placas está ocupado por un dieléctrico con constante dieléctrica relativa. ε'= 4,5 ¿Cuál será la fuerza que actúa por unidad de área sobre la superficie del dieléctrico? El área de cada placa es de 10 cm² ($\varepsilon_0 = 8,85 \cdot 10^{-12}$ C²/Nm²).

13.13. Un condensador plano cuyas placas son de 25 x 25 cm² de superficie, y están separadas 0,5 mm, está cargado con una diferencia de potencial de 10 V y desconectado de la fuente. ¿Cuál será su diferencia de potencial si las placas se separan hasta la distancia de 5 mm?

13.14. Determinar la capacidad de un condensador plano formado por dos láminas de estaño de 47 cm² de superficie separadas por 15 hojas de papel parafinado de 0,03 mm de espesor. La constante dieléctrica relativa del papel parafinado es de 15 ($\varepsilon_0 = 8{,}85 \cdot 10^{-12}$ C²/Nm²).

13.15. Un condensador plano de aire con capacidad de $1{,}6 \cdot 10^3$ pF fue cargado hasta una diferencia de potencial de 500 V, después lo desconectaron de la fuente de alimentación y aumentaron la distancia entre las placas al triple. Determinar la diferencia de potencial en las placas del condensador, después de separarlas y el trabajo realizado por las fuerzas externas para separar las placas.

13.16. Determinar la energía de un condensador plano, cuya diferencia de potencial entre placas es de 200 V y su carga de 20 μC. Cual sería esa energía si entre placas se introduce un dieléctrico de constante dieléctrica relativa de 6.

13.17. Un condensador con una capacidad desconocida y tensión entre las armaduras de 1000 V, se conecta en paralelo con otro que posee la capacidad de 2,0 μF y la tensión en las armaduras de 400 V. ¿Qué capacidad tendrá el primer condensador, si después de unirlos la tensión resultó igual a 570 V? Determinar la carga total.13.

13.18. Un condensador con la capacidad de 0,6 μF, cargado hasta una diferencia de potencial de 200 V, se une formando una batería en paralelo con un condensador de 0,4 μF de capacidad, siendo la diferencia de potencial en sus armaduras de 300 V. Determinar la capacidad eléctrica de la batería, la diferencia de potencial en sus terminales y la energía que se acumula en ella.

13.19. Seis condensadores con capacidad de $5{,}0 \cdot 10^{-3}$ μF cada uno se conectan en paralelo formando una batería y se cargan hasta 4000 V. ¿Qué carga acumularán todos los condensadores?

13.20. Un condensador plano, cuyas placas poseen el área de 80 cm² y distan entre sí 1,5 mm, se carga de una fuente con tensión de 100 V, después lo desconectan de ella y lo sumergen en un dieléctrico líquido con la constante dieléctrica relativa de 2,5. ¿Cómo y en cuánto variará la energía del condensador?

14. CUESTIONES RESUELTAS.

14.1. ¿Qué es una jaula de Faraday?
Solución: Un volumen cerrado por superficies conductoras

14.2. En el centro de una esfera, ¿el potencial es mayor o menor que en su superficie?
Solución: Si se trata de una esfera conductora, es igual. Si se trata de una esfera aislante es mayor.

14.3. ¿Sabrías dibujar las líneas de fuerza y las superficies equipotenciales del campo eléctrico creado por una carga: a) positiva, b) negativa, c) un dipolo formado por una carga positiva y otra negativa, separadas por una cierta distancia?
Solución:

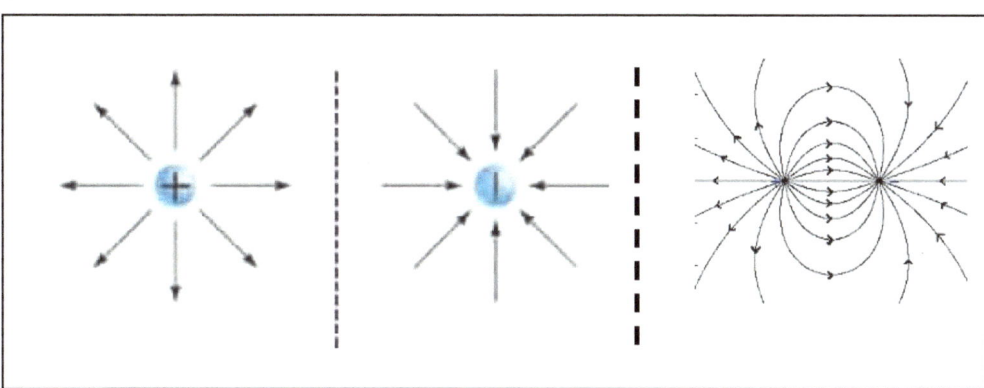

14.4: Supongamos dos cargas eléctricas iguales y de distinto signo, separadas por una distancia d. ¿En qué puntos del plano en que están situadas las cargas el campo eléctrico o el potencial, es cero?

Solución: a) El campo eléctrico, no es cero en ningún punto.
b) El potencial V=0; en el punto medio de la línea que une las cargas y en todos los puntos de la perpendicular a la línea que pasa por ese punto.

14.5: El rayo corresponde a una descarga eléctrica atmosférica. ¿Estas descargas se producen nube a nube?,¿tierra a nube?,¿nube a tierra?

Solución: son posibles las tres formas.

14.6: ¿Es cierto que cualquier cuerpo cargado tiene una carga que es múltiplo de la carga del electrón?¿Por qué entonces no es esta la unidad de carga eléctrica?

Solución: a) Sí, la carga de cualquier cuerpo es múltiplo de la carga del electrón.
b) Porque cuando se definió la unidad de carga eléctrica se desconocía la estructura del átomo.

14.7: Un haz de protones es acelerado en un acelerador lineal. La fuente de iones está en un extremo del tubo y el objetivo en el otro. ¿Qué extremo está a potencial más alto? ¿Cuál es la dirección del campo eléctrico?

Solución: El potencial más alto corresponde al extremo de donde parten los iones. El campo va del potencial más bajo, al potencial más alto, es decir en sentido contrario al desplazamiento de los iones.

14.8: Explique por qué el campo eléctrico resultante de un dipolo eléctrico no es cero, a pesar del hecho de que está formado por dos cargas de igual magnitud y signos opuestos.

Solución: Porque los campos creados por ambas cargas tienen el mismo sentido, por lo que en vez de anularse se suman.

14.9: ¿Pueden cortarse las líneas de campo eléctrico?

Solución: No, porque esto equivaldría a que en un mismo punto hubiese valores de campo distintos.

14.10: ¿A qué se llama "corriente de desplazamiento"?

Solución: Se llama "corriente de desplazamiento" a la variación del campo eléctrico con el tiempo.

14.11: ¿Por qué nadie habla de capacidad eléctrica de un dieléctrico?

Solución: Dado que un dieléctrico no puede tener carga, su capacidad será siempre cero.

14.12: ¿Cuánto tiempo tarda un condensador conectado a un enchufe de corriente continua en cargarse totalmente?

Solución: Es casi instantánea.

14.13: Para obtener un condensador de mayor capacidad, ¿qué conviene más utilizar como

14.14. ¿Cómo varía la diferencia de potencial de un condensador al cambiar el aire por un dieléctrico? ¿Y el campo?

Solución: Campo y Potencial disminuyen puesto que el valor de la constante dieléctrica aumenta, y esa magnitud está en el denominador.

14.15. ¿Es correcto hacer un símil entre la capacidad de un recipiente y la capacidad de un condensador?

Solución: Sí, puesto que la capacidad de un recipiente es en realidad la cantidad de sustancia que puede contener, y la capacidad de un condensador es la cantidad de carga que puede albergar.

14.16. ¿La capacidad de un condensador depende sólo de sus características geométricas?

Solución: No, también depende de la naturaleza del dieléctrico entre placas.

14.17. ¿El campo y el potencial eléctrico valen lo mismo en cualquier punto entre placas de un condensador plano?

Solución: Sí, tienen el mismo valor en todos los puntos.

14.18. ¿Sabrías indicar cuando conviene montar condensadores en serie y cuando en paralelo?

Solución: En serie, para cargarlos, y en paralelo, para descargarlos.

14.19. ¿Por qué se "perforan" los condensadores?

Solución: Los condensadores se perforan si no se respeta su polaridad.

15. CUESTIONES PROPUESTAS:

15.1. Qué analogías y diferencias existen entre los campos eléctrico y gravitatorio.

15.2. ¿Por qué podemos decir que la carga tiene carácter cuántico? ¿La masa también está cuantizada?

15.3. Si la Tierra y el Sol están compuestos por partículas cargadas eléctricamente, ¿por qué el movimiento de la Tierra alrededor del Sol está descrito enteramente en términos atracción gravitatoria?

15.4. Suponga que F es la fuerza entre dos cargas eléctricas separadas por una distancia r. Represente los puntos correspondientes a la fuerza cuando la separación es de 1/2 r, 2r y 3r. Una los puntos mediante una curva continua para mostrar cómo varía la fuerza eléctrica en relación con la distancia.

15.5. Dos bolas idénticas de masa m tienen cargas iguales q. Están unidas a dos cuerdas de longitud l que cuelgan del mismo punto. a) Encuentre el ángulo θ que las cuerdas forman con la vertical cuando se alcanza el equilibrio. b) Dibuje un esquema de las fuerzas que actúan sobre cada bola y su resultante.

15.6. ¿El número de líneas de campo eléctrico que llegan o salen de una carga, es proporcional a la carga eléctrica? ¿De qué depende?

15.7. Represente gráficamente las líneas de fuerza del campo eléctrico resultante de dos dipolos eléctricos idénticos cuando: a) están alineados a lo largo de la línea que los une y con sus "extremos" positivos apuntando en la misma dirección, y cuando están orientados con los "extremos" positivos apuntando uno hacia el otro; b) son perpendiculares a la línea que une sus centros y con sus "extremos" positivos apuntando hacia "arriba" y cuando están orientados de modo que un "extremo" positivo compuesto apunte hacia "arriba" y el otro hacia "abajo.

15.8. ¿Es imposible desplazar una carga eléctrica positiva en un campo eléctrico sin realizar un trabajo?

15.9. ¿Podría enunciarse un "Principio de conservación de la carga eléctrica", similar al de conservación de la energía?¿En qué tipo de sistema podría establecerse?

15.11. Si el campo eléctrico en un punto es nulo, ¿Es posible que el potencial no lo sea?

15.12. ¿Qué diferencia formal existe entre el flujo eléctrico y el flujo de un fluido?

15.13. Una carga eléctrica abandonada en un campo, ¿se desplazará a lo largo de una línea de fuerza que pasa por el punto inicial?

15.14. Compare la fuerza eléctrica de atracción entre el protón y el electrón de un átomo de hidrógeno con su atracción gravitatoria, suponiendo que el electrón describe una órbita circular de radio $0,53 \cdot 10^{-10}$ m.

15.15. ¿De qué manera se mueve un dipolo eléctrico en un campo eléctrico: a) uniforme, b) no uniforme?

15.16. ¿Cuál sería teóricamente el máximo potencial que se puede obtener con un generador de Van der Graaf?

15.17. ¿Por qué factor viene limitada la carga de un condensador?

15.18. Si se coloca un dieléctrico entre las placas de un condensador manteniendo constante la diferencia de potencial entre ellas, ¿aumenta su carga?

15.19. Un condensador electrolítico, ¿es realmente un condensador?

www.ingramcontent.com/pod-product-compliance
Lightning Source LLC
Chambersburg PA
CBHW051920210526
45473CB00006B/2084